面白いほどよくわかる！
職場の心理学

圖
職場心理學

職場求生，不能只靠防小人！

職場人際關係讓你腹背受敵，讓心理學家助你一臂之力成為職場強者

日本知名心理學家
齊藤勇——監修

葉廷昭——譯

前言

日本有句古諺是「男人一出家門，腹背受敵」，意思是男人在社會上闖盪或工作，必須做好心理準備面對眾多對手。過去男性主宰社會，勞動者幾乎以男性為主，而今男女都有平等的工作權，這句古諺可以改成「男女一出家門，腹背受敵」。

這裡所謂的「腹背受敵」是指「對手很多」的意思。事實上，職場中充斥著各種複雜的人際關係。每個人的立場各異，性格也都不相同。舉凡上司、下屬、同事、男性朋友、女性朋友、男女之間，都有不同的立場和關係，而不同的立場和關係，又會衍生出千差萬別的人性百態。想當然，一定會有人對人際間的磨擦或競爭感到煩惱痛苦。

對勞動者來說，生活中，花在職場上的時間並不短。因此，在壓力較小的環境裡，維持高度的幹勁努力工作，算是豐富人生的一大祕訣。

為了建立良好的人際關係，讓自己專注在工作上，我們要懂得觀察職場人際關係，對各種狀況做出靈活的應對進退，心理學能幫

助我們培養這種能力。分析同事、上司、下屬的行為原理，瞭解他們的性格和心理狀態，有助於發展新的人際關係。另外，我們還可以學到開會或交涉的心理技巧。反省自己的行為和內在，也會提高工作的熱忱與幹勁。

小說家加納朋子的作品《女人腹背受敵》一書，是在講女人有很多競爭對手的故事，其實「腹背受敵」的情況下也能「左右逢源」。如果可以秉持這樣的信念，一定能在職場上找到眾多同伴。工作是無法獨力完成的，希望各位體悟本書精髓，和上司、同事建立良好的關係，打造一個舒適愉快的職場環境。

齊藤勇

目錄

第1章 人際關係上的煩惱——瞭解對方的心理

13～72

◆上司的心理

1 斥責或痛罵下屬《自卑情結、投射》……14

2 獨占功勞《自利歸因偏差、自我呈現、自我揭露》……16

3 對下屬太過溫柔《自我肯定感、自我呈現》……18

4 整天把「我很忙」掛嘴邊《口頭禪、藉口、時間管理能力》……20

5 對上司鞠躬哈腰，對下屬專橫跋扈《權威性人格、自卑感、補償作用》……22

6 迎合年輕人的上司《迎合、一致效果》……24

7 批判現在的年輕人不長進《自尊需求、社會範疇》……26

8 維持現狀、得過且過主義《達成需求、失敗規避需求、成功規避需求》……28

9 用肢體接觸增加親密度《非語言溝通、肢體接觸》……30

【哪種上司受人愛戴？】
對工作的心態……32
對下屬的態度……33

◆下屬的心理

1 不曉得下屬在想什麼《自我意識、羞怯、社交恐懼症》……34
2 總是想偷懶《八二法則、社會懈怠、林格曼效應》……36
3 說一步才做一步《等待指示族、達觀世代》……38
4 藉口一大堆《藉口、合理化、自我設限》……40
5 自我評價極低，缺乏自信《自我評價、抑鬱型自我意識、冒牌貨症候群》……42
6 擅長用客套話掌握人心《客套、迎合》……44
7 用逢迎拍馬的方式博取好感《自我呈現、逢迎拍馬、巴結》……46
8 在職場孤立，成為心態上的繭居族《繭居族預備軍、親和需求、無助感》……48
9 稍遇小事就暴怒抓狂《挫折反應、挫折容忍力》……50
10 在網路上說上司的壞話《虛擬空間、匿名性》……52
11 太在意上司的評價《自我評價、他人評價、自卑情結》……54
12 性格古怪不好相處《從眾行為、獨特性需求、多元化》……56
13 一直都是菜鳥，提不起勁做事《無助感、習得性無助感、比馬龍效應》……58

【哪種下屬討人喜歡？】
對工作的心態……60
對上司的態度……61

◆同事的心理

1 不喜歡同事《第一印象、自我應驗預言、自我揭露的相對性》……62

2 忍不住跟同事比較《社會比較理論、向上比較、向下比較》……64

3 無法誠心慶賀同事成功《沾光、自我評價維持模式》……66

【用心理學看透性格的方法】

類型論與特質論……68

類型論的範例①克雷奇默的體型學說

類型論的範例②斯普朗格的價值類型論……69

類型論的範例③榮格的兩大性格分類

類型論的範例④榮格的四大心理機能……70

類型論的範例⑤榮格的八大性格類型……71

特質論的範例●五大人格特質理論……72

第2章 培養良好的人際關係——掌握溝通能力 73～122

◆對同事

1 如何在新職場給人好印象？《月暈效應、抱負水準、自我宣傳》……74

2 結交值得信賴的伙伴《稱讚、道謝、感謝》……78
3 從人情債培養出信賴關係《各取所需、情感性負債感》……80
4 女性多的職場容易發生的問題《親和需求、價值觀共有、謠言》……82
5 人際關係惡化的解決辦法《偏誤、和解、對話、妥協》……86

◆對上司

1 如何跟不喜歡的上司相處《厭惡的回報性、類似性法則、心理需求》……88
2 對上司提出反對意見的訣竅《共識性合理化、溫和的自我主張》……92
3 年長下屬、年輕上司的心態《功績制、年資制、自尊心、角色期待》……94

【為什麼職場戀愛很常見？】
夫妻相識的契機是什麼？……98
為什麼職場戀愛很常見？……99

◆培養人際關係

1 人際關係始於第一印象《第一印象、麥拉賓法則、7─38─55法則》……102
2 如何在職場上受人愛戴？《自尊需求、單純曝光效應、接近因素、博薩德法則》……106
3 如何喜歡上討厭的人？《框架、偏誤、重組框架》……110
4 不要找藉口或推卸責任《防衛機制、歸因理論、自我設限》……112
5 自戀狂惹人厭《自戀、自戀型人格異常、自尊情感》……116
6 學會社交技巧《社交技巧、羞怯》……118
7 數位化溝通方式的注意要項《電子郵件、即時通訊軟體、缺乏溝通》……120

【職場戀愛該不該隱瞞？】
隱瞞是職場戀愛的主流……122

第3章

當一個能幹的人——提升技能

123～180

◆磨練自己

1 任何人都能成為「能幹的上班族」！《解決問題、創意、原創性、認知心理學》……124
2 能幹的上班族需要高EQ《IQ、EQ》……126
3 反覆推論得出答案《推論、認知心理學》……128
4 冷靜應對複雜的問題《商業思考能力、邏輯思維、金字塔構造》……130
5 發揮客觀性來解決問題《推論、後設認知、批判性思考》……132
6 準備一個以上的解決方案《複眼思考、單眼思考、推論》……136
7 以同理心建立人脈《同理心、社交能力、成熟的依附關係》……138
8 活用「專注」與「理解」，增強記憶力《記憶力、集中力》……140
9 先從掌握自信做起《負面螺旋、自我肯定感》……142
10 相信自己辦得到《自我效能、自尊心》……144
11 把危機化為轉機《道歉、失敗體驗、自我厭惡、思考中斷法》……146
12 精通談話技巧《社交技巧、語言溝通、回報性原理》……148

◆開會的心理狀態

1 開會的用意是什麼？《會議引導術》……150
2 如何開一場高品質的會議？《團體迷思、從眾行為、從眾壓力》……152
3 慎選會議室，讓會議更活潑《環境心理學、色彩心理學》……156
4 從座位瞭解參加者的關係《人際距離、斯坦佐效應》……158
5 簡報是表現自我的機會《三P、第一印象、吸引力、視覺效果》……162
6 如何獲得信賴？《社會權力、專家權、參照權、訊息權》……168
7 商場上必備的說服技巧①《說服性溝通、片面提示、兩面提示、迴力鏢效應》……170
8 商場上必備的說服技巧②《得寸進尺策略、以退為進策略、低飛球策略》……174

【利用非語言溝通增進對話技巧】

非語言溝通的重要性
非語言溝通的種類……178
對人敞開心胸時的態度與動作……179
不願對人敞開心胸時的態度與動作……180

第4章

組織與領導力——如何提高職場的幹勁

181～214

◆組織

1 充滿魅力的組織該有怎樣的職場環境《團體凝聚力、人際凝聚力、任務凝聚力》……182

2 資訊地位決定領導地位《團體、溝通網路、領袖》……184

3 愈團結的團體愈容易失控《團體迷思、冒險偏移、謹慎偏移、無懈可擊的錯覺》……186

4 人的工作意義究竟是什麼？《XY理論、需求層次理論、Z理論》……188

◆領導力

1 領導力是鍛鍊出來的《領導力》……190

2 何謂理想的領袖？①《專制型領袖、民主型領袖、放任型領袖》……192

3 何謂理想的領袖？②《PM理論》……194

4 提升下屬的動機《動機、外在動機、內在動機》……196

5 目標會提升動機《動機、目標設定、公開表態》……198

6 領袖的期待會促進下屬成長《比馬龍效應、比馬龍管理》……200

7 以「稱讚代替責罵」是有根據的《讚美效應、霍桑效應、5W1H》……202

8 當一個值得被信賴的領袖《領導力、信賴累積理論》……206

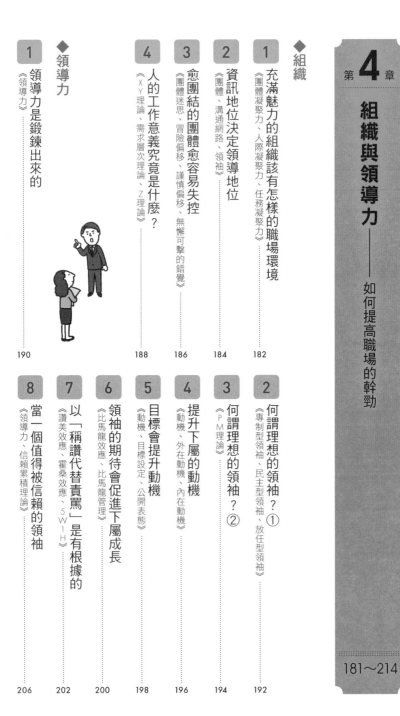

9 領袖要具有高度溝通技巧《開放式溝通、表達能力、傾聽能力》……208
10 跟下屬意見對立的時候《人際衝突、利害衝突、認知衝突、規範衝突》……210
11 偶然造就個人職涯《計畫性巧合理論》……212
【如何提升團隊默契？】團隊合作需要什麼？……214

第5章 職場或工作上的煩惱不安——如何面對壓力？

215～235

◆壓力

1 職場人際關係和工作是壓力的來源《壓力、社會再適應量表》……216
2 壓力引起的心理疾病①《壓力源、身心症、心理疾病》……218
3 壓力引起的心理疾病②《社會治療、憂鬱症、焦慮症》……220
4 治療人心的心理治療法《講談療法、表達活動法、行為療法、日式技法》……224
5 職場霸凌層出不窮《霸凌、騷擾、緊張理論、控制理論》……226
6 處理客訴所產生的壓力《客訴、奧客》……228

7 在職失業、裁員的不安《在職失業、裁員危險群、離職集中營》……230
8 非正職員工受到差別待遇的壓力《派遣、非正規雇用》……232

【職場心理健康】
社會支持的必要性
社會支持的種類……234
職場上可提供的社會支持……235

索引……236～239

職場議題 Topics

- 找一些對自己有利的藉口，伊索寓言中的「酸葡萄」……41
- 在職場上容易被同性討厭的女性……85
- 日本傳統的和解方法——村落集會……87
- 批判不代表否定的意義……134
- 有原因才有結果……147
- 美國總統的演說，值得學習……149
- 利用風險溝通，建立信賴關係……175
- 利用午餐技巧談成生意……176
- 下屬的話也會破壞上司的幹勁……205
- 源自壓力的各類不適症狀、自律神經失調……221
- 年輕女職員常有飲食障礙……223

第 1 章

人際關係上的煩惱

瞭解對方的心理

●上司的心理……14～31
●下屬的心理……34～59
●同事的心理……62～67

斥責或痛罵下屬

破壞職場士氣的元兇

每個人都是從失敗中學習成長的，上司的職責是查明失敗的原因，擬定解決的方案，幫助下屬成長和改善業務過失。不過，**有些上司會過度責備失敗的下屬**，一點小小的失誤也要把人罵得狗血淋頭，還故意一直罵給其他的下屬聽。長此以往，下屬會失去工作的信心和熱忱，有的人甚至還會考慮離職或退休。不只如此，**其他員工也會投鼠忌器，不敢在工作上大展身手，更可能導致職場的士氣下降。**

隱瞞自卑情結的投射反應

其實仔細思考就會發現，上司這樣做是在拉低自己的業績和評價。那他們為什麼還是把人罵得狗血淋頭呢？**原因多半是內在的自卑情結作祟**，自卑的原因不一而足，可能是出身、學歷、能力、外貌、待人處事等等。上司不敢直視內心克服自卑情結，而是乾脆責備下屬的失誤來轉移焦點，以尋求精神上的安定。這在心理學稱為**投射**＊，明明問題出在自己心裡，還一口咬定都是別人造成的，藉此來掩飾心中的自卑。

心理關鍵字
■自卑情結
■投射

＊**投射**　自己的心裡出問題，但把問題歸咎於外在因素，下意識地推卸責任，屬於一種自我防衛的手段。

職場霸凌

如果上司一直責罵下屬，那就必須當成**職場霸凌**（詳見⬇第二二六頁）來處理了。過去職場霸凌是合理的「指導」方式，但現在終於被認定為是侵害人權了。為防止狀況惡化，遭遇職場霸凌，請不要獨自隱忍，不妨向家人或朋友求助，不然跟公司內的相關窗口諮詢，或是請教行政部門的勞務單位等等。這不只是在拯救你自己，也是在拯救上司和職場。

職場霸凌的類型

過度的侮辱與責罵，屬於精神上的攻擊，就是職場霸凌。

〈身體上的攻擊〉
暴力、傷害等等
〈精神上的攻擊〉
威脅、髒話、損害名譽
你他媽的廢物！
〈過份要求〉
工作上的過份要求與妨礙等等
明天以前要做好
〈過低要求〉
不給予工作等等
你就免了啦
〈侵犯隱私〉
過度介入個人隱私
妳有沒有男朋友啊？
〈阻絕人際關係〉
隔離、忽視等等

獨占功勞

心理關鍵字 ■自利歸因偏差 ■自我呈現 ■自我揭露

失誤歸你，功勞歸我

有些上司，在企劃案成功的時候，會吹噓是自己的規劃和判斷得當；反之，失敗的時候，就責怪下屬辦事不力，對高層抱怨自己的下屬無能。總之，**有錯都往下屬身上推，有功勞都往自己身上攬**。為什麼他們如此自私，成功都自己獨享，失敗則都是別人的錯呢？

心理學的**自利歸因偏差**可以解釋他們的心態。**每個人都想維持高度的自尊心，獲得精神上的安定**。成功是自己能力高超，失敗都是別人不好，能力高超是**內在因素**，別人不好是**外在因素**，這樣想，就可以維持住自尊心了。

「謙虛」也暗藏玄機

相對地，有些上司在成功時會感謝下屬努力，業績衰退時則會體恤下屬辛勞，檢討自己的策略管理有問題。這種情況下，若上司發自內心感謝和反省，那麼這樣的上司會得到下屬的信賴與尊敬，公司裡的高層也會對他青睞有加。

可是，有些人是**刻意用自我呈現***的方式，佯裝自己是一個優秀的中階主管。比方說在奧運會上，奪牌的選手都謙稱「好成績是大家的功勞」，教練也不會居功自傲，這種態度能博得眾人的好

***自我揭露與自我呈現**　用語言傳遞跟自己有關的訊息，屬於自我揭露。用言行操作自己想要的形象，則屬於自我呈現。

評。**因為日本社會重視組織內部和諧，捨棄小我的團體主義比較強**。

在心理學中，用語言傳達自我形象的行為叫做**自我揭露***，而透過語言和行動操作自己的印象則稱為自我呈現。文化心理學家馬克斯與北山忍分析，日本人習慣用謙卑的方式**自我呈現**，歐美人則正好相反。有時候謙卑的自我呈現，是用來建立良好形象的手段。

不同文化造就出不同的成功歸因

文化差異也會影響我們看待別人的觀點。

日本＝成功是「大家的功勞」

●用謙卑的方式自我呈現較為有利

美國＝成功是「自己的能力和努力的成果」

●用誇示的方式自我呈現較為有利

對下屬太過溫柔

心理關鍵字 ■自我肯定感 ■自我呈現

從來沒被罵過的社會新鮮人

少子化的社會產生出一種**「以稱讚代替責罵」的風潮，有愈來愈多年輕人在家中或學校都沒有被父母親或師長責罵過**。因此，他們常常會上班遲到，工作時間還拚命傳簡訊，對上司講話也沒大沒小，絲毫沒有一個入社會工作人士該有的基本常識。

這種員工會拉低整體職場的士氣，但有不少上司選擇視而不見，放棄指導的義務。因為年輕人沒有被責罵的經驗，稍微罵一下就玻璃心碎滿地，搞不好還會吵著要辭職，或是控告上司職場霸凌（詳見⬇第一五頁）。這些長官一看到下屬犯錯，**不願和下屬發生衝突**，寧可自己改正也不願責罵下屬。

上司也想獲得下屬讚賞

一般來說，下屬很在意上司對自己的評價，但上司更在意下屬對自己的看法，甚至已經到了神經質的地步。愈神經質的上司，愈害怕自己和下屬的關係變差，**所以會溫柔以待來討好下屬**。

心理學用語中的**自我肯定感***不高，正好符合這種上司的特徵。所謂的自我肯定感，是**一種認同自己無可取代的感情**，這種認同，包含優點，

***自我肯定感**　接受自己的一切，不只優點，也包含缺點，相信自己是無可取代的存在。有自我肯定感的人不依附他人的評價，能夠確立出安定的自我。

也包含缺點在內，要反覆累積「自己是重要人物」的體驗，才有辦法培育出自我肯定感。自我肯定感低的人喜歡當白臉尋求認同，謀取精神上的安定。他們擔心斥責下屬會惹人厭，這就是他們對待下屬太過溫柔的原因。

不過，該說的事情不敢說，百般忍讓只會讓積怨愈來愈深，有朝一日積怨突然爆發，會說出口無遮攔的話來。於是過去的忍耐化為泡影，人望也急轉直下。

自我肯定感與自我呈現

自我肯定感不高，擔心自己被下屬討厭，因此產生對下屬太過溫柔的自我呈現。

1 自我肯定感不高

2 擔心自己無法掌握下屬

3 尋找合適的自我呈現方法

4 對下屬溫柔

整天把「我很忙」掛嘴邊

心理關鍵字 ■口頭禪 ■藉口 ■時間管理能力

忙碌當吃補的日本社會

當別人說我們看起來忙碌又充實的時候，我們必須笑著回答自己只是窮忙而已。生意伙伴之間打招呼，也是先從忙不忙碌聊起，**在商場上「忙碌」這個字眼，被當做公司業績成長和個人能力優秀的代名詞**。

因此，有些人動不動就說自己很忙，上司交辦工作給他，他一定要先說自己沒時間來吊足上司胃口，再喜孜孜地裝出臨危受命的樣子。這種人常常會炫耀自己的工作繁重，還有排得滿滿的行程表。

不瞭解內情的人還以為他們能力有多高超，但老同事之間都很清楚，這類型的人做事不得要領，沒辦法在短時間內有效完成工作。事實上，他們經常無法在期限內完成工作，而且總是用自己很忙當藉口。對那些「喜歡裝忙」的人來說，「我很忙」這句口頭禪*是在炫耀自己能力優秀，深得上司器重。可是說穿了，他們只是想表現得很忙罷了。

能者不裝忙

不過在商場裡，**真正有能力的人不會說自己很忙**。他們會好好掌握自己的工作量，制定可如期

＊口頭禪　不經意説出口的話語，這跟事先經過思考再説出來的話不同。但口頭禪也有可能是刻意説出口的，從口頭禪可以看出一個人的深層心理。

完成工作的計畫和策略，**發揮高度的時間管理能力和執行力，以驚人的效率處理完工作**。

真正能者多勞的人，深受上司和下屬信賴，處理重要工作的機會也愈來愈多，在短時間內高效完成工作的能力也逐步提升。反之，整天裝忙的傢伙工作慢不說，工作表現也不怎麼優秀，只好繼續佯裝自己很忙了。

真忙和假忙是分得出來的

能者多勞的人和裝忙的人，兩者的差異，光看辦公桌就知道了。辦公桌的狀態會顯示一個人在腦海中是如何安排工作的。

裝忙的人

●桌上和抽屜散亂著文具和資料

能者多勞的人

●辦公桌整理得有條不紊

對上司鞠躬哈腰，對下屬專橫跋扈

心理關鍵字 ■權威性人格 ■自卑感 ■補償作用

服從上司與攻擊下屬，乃是一體兩面

任何公司都會有對上司鞠躬哈腰、對下屬專橫跋扈的中階主管。這是一種超越時代和國度的人性，德國心理學家埃里希・弗洛姆稱其為**權威性人格**，**對強者絕對服從，對弱者極盡欺凌的性格實為一體兩面**，並非獨立的存在。

一般來說，那種拚命工作往上爬、不惜對上司逢迎拍馬的員工，他們想要出人頭地的意志特別強烈。不可否認地，有些人想用往上爬的方式，實現自己理想中的商業目標。但也有人心底懷有**自卑感**，但不希望被當成毫無價值的人，才用地位和權力填補空虛。在心理學中，用其他手段彌補自卑感的行為叫做**補償作用**，是一種**自我防衛**手段。

濫用權力會導致業績衰退

使用到手的權力是人類的天性，而且還會產生控制別人的支配欲，對地位不如自己的人頤指氣使。權威性人格的上司，純粹把下屬當成獲得地位和權力的工具。他們會對下屬提出過份的要求，下屬拿不出他們期望的成果，就把人罵得狗血淋頭。美國心理學家大衛・基普尼斯曾透過實驗證明此一現象。

＊**權威性人格**　不會懷疑既存的權威體系，服從比自己更強大的對象，欺凌不如自己的弱者。思考欠缺靈活度，有攻擊社會少數派的傾向。

權力大小對評價的影響

權力大的上司，對下屬評價極低；權力小的上司，則會給予正當的評價。

權力大的主管

●提出繁雜的指示。

●對下屬的努力，評價極低。

權力小的主管

●用說服代替命令。

●對下屬的努力，會給予正當的評價。

他的實驗是在調查，主管的權力大小會對下屬的評價產生何種影響。結果發現，權力大的主管會提出繁雜的指示，對下屬的評價極低，業績成長都視為自己的功勞。

反之，權力小的主管以說服代替命令，並且會給予下屬正當的評價。**濫用權力的上司奪走了下屬的自主性和幹勁，反而導致業績衰退。**

＊**自我防衛**　下意識保護自己不受傷害的行動或心態，也稱為防衛機制。反應的方式有反向作用、替代、投射、合理化（正當化）、退化、逃避、昇華等等。

迎合年輕人的上司

心理關鍵字 ■迎合 ■一致效果

在心理學中，討好特定對象的言行稱為**迎合**。上司與下屬之間雖有明確的上下關係，但就數量上來說，下屬的人數較多，上司擔心**被孤立的不安**遠超乎下屬想像。因此，有些上司會迎合下屬，想要獲得下屬的讚賞，或者至少不要被下屬討厭。

佯裝成善解人意的上司

有的上司批判現在的年輕人不長進，也有迎合年輕人的上司。例如有下屬抱怨工作的內容離譜到做不下去，後者就會**同意**下屬的抱怨，昧著良心稱讚下屬提出的無聊企劃，私底下偷偷修改企劃的內容，還自以為是個善解人意的好上司。

這種上司會主動貼近下屬，尋找一些年輕人喜歡的話題來討他們歡心。對下屬下達工作指示的時候，如果看到下屬的表情不太情願，這種上司就會承接起那些工作，以此來討好下屬，**避免他們心生不滿**。

意見相同的人比較容易獲得讚賞

以迎合做為交際原則的人，**會避免做出惹人厭的事情，而且他們懂得不得罪人的應對進退方法，能替自己博得良好的形象**。這類型的人跟同事或客戶相處，都能建立圓滿的人際關係。

美國心理學家喬納森．克勒發現，人類比較容易認同那些跟自己信念一致的人，這又稱為**「一致效果」***。配合對方改變自己的意見，或者**佯裝成接受對方意見的模樣**，不必改變自己的意見**也能獲得信賴**。

不過，這一招也只有在雙方關係尚淺的時候有效，一開始對方可能會覺得這種人相當善解人意，而且有聽聞意見的雅量。但長久下來，毫無操守地改變自己的意見，有可能會失去別人的信賴。

四種迎合行動

在心理學中，為求得對方好感而逢迎拍馬的行為，都稱為迎合。迎合有各式各樣的類型，而且是多重的言行搭配使用，並非單一施展。

1 客套話

講好話，拍對方馬屁。

2 同意

同意對方的意見

3 自謙

用自謙的方式抬舉對方。

4 親切

仔細觀察對方言行，討對方的歡心。

＊一致效果　美國德州大學心理學家喬納森．克勒提出的學說。克勒的實驗發現，與對方意見一致的發言比較容易獲得信賴。

批判現在的年輕人不長進

心理關鍵字 ■自尊需求 ■社會範疇

批判年輕人，是不分時代和國界的

有些人年輕時討厭被老人家嫌棄，但自己老了以後卻反過來嫌棄年輕人，各位是不是也有這樣的經驗呢？其實，也不是只有現代人才會批判年輕人，這是不分時代和國界的普遍現象。

五千年前美索不達米亞的石板上，就有批判年輕人不長進的文字了；希臘哲學家蘇格拉底和柏拉圖也在著作上留下相關的批評；日本平安時代的女性作家**清少納言***，她撰寫的《枕草子》也有抱怨當時的年輕人用字遣詞不當的紀錄。換言之，**不管哪個時代的老人家都會批判年輕人**。

開口閉口都是「以前比較好」

人類總覺得自己比其他人優秀，而且也希望別人認同自己優秀。這種欲望在心理學中稱為**自尊需求**，前者屬於自我認同，後者則屬於他人認同。大家都是用滿足自尊需求的方式，來尋求精神上的安定。

不過，我們習慣用各式各樣的基準來替別人分類。舉凡出身地、性別、年齡、職業等特性，乃至愛貓或愛狗之類的喜好都能用來區分，這又稱為**社會範疇***。

為了滿足自尊需求，人們會肯定自己在社會

***清少納言**　安時代（八世紀末到十二世紀末）中期的作家，她的隨筆《枕草子》記錄了她在宮廷中感興趣的事物，當中充斥著對「意趣」的好奇心。

範疇中所屬的集團，並且把其他殊異的集團視為批判的對象。所以，這種相信自己的世代較為優越的想法，才是老人家貴古賤今的真正原因。這當中隱藏著失去青春年華的不安，以及害怕跟不上社會變遷的恐懼感。另外，就算不用世代差異來劃分社會範疇，老人家也認為自己人生經驗豐富，缺乏經驗的年輕人當然不如自己，有時候他們也會用這種方式滿足自尊需求。

馬斯洛的需求層次理論

美國心理學家亞伯拉罕·馬斯洛表示，人類會不斷成長以實現自我，並且提倡人類的需求共分為五個階段。

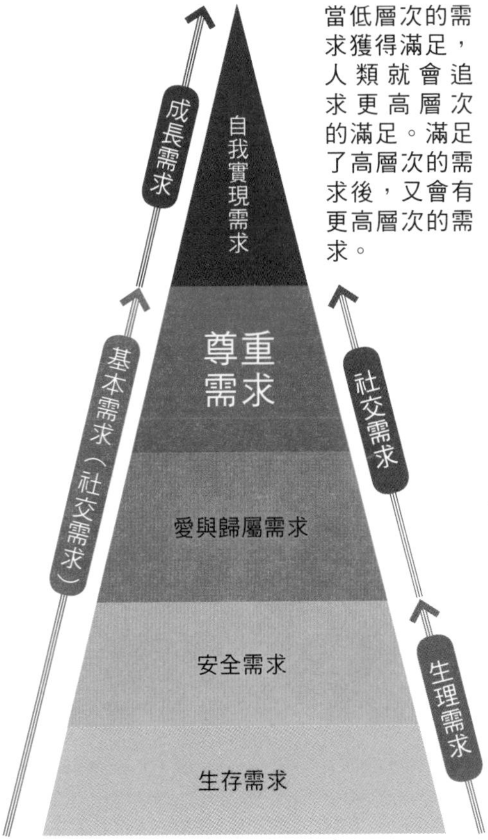

尊重需求是社交需求之一，也就是想獲得他人認同和高度評價的欲望。充滿人生歷練的老人家希望別人認同自己，他們認為自己的世代較為優越，過往的青春時代較為美好，這都是滿足此一需求的方法。

＊**社會範疇**　為處理訊息所採取的分類措施，自己所屬的集團稱為內團體，其餘的稱為外團體。大部分人會善待自己所屬的內團體。

維持現狀、得過且過主義

心理關鍵字 ■達成需求 ■失敗規避需求 ■成功規避需求

棒打出頭鳥

俗話說得好，「**趨炎附勢**」是通往成功的捷徑，日本人喜歡當公務員和大企業員工，跟歐美相比，創業志向極為低落。而且，**在「棒打出頭鳥」的社會風氣中，會產生一種不出頭就不會惹上麻煩的社會心態**。大家害怕失敗被追究責任，滿腦子只想著規避旁人的指責，而不想挑戰新的課題來實現目標。

例如企業一出事就會被媒體群起圍攻，批評的電話和郵件排山倒海而來，這種施加嚴厲社會制裁的日本特殊文化，也是人們投鼠忌器的原因。

愈巨大的組織，愈要花時間開會決議，浪費過多的心力在規避失敗。於是，**維持現狀成為首要之務，員工的士氣不振，業績也難有長進**。

達成功也規避

人類有下定決心嘗試新挑戰的**達成需求**＊，也有害怕失敗的**失敗規避需求**。反正一心一意維持現狀，不做任何新嘗試就不會失敗了。這就是人們寧可得過且過的主要動機。

另外，人類也有規避成功的需求。美國女性心理學家霍納表示，**女性有規避成功的需求存在**。過去，男性主宰社會，成功的女性會被貼上沒有

＊**達成需求**　想做有成就感的事情（目標）的動機。阿特金森表示，達成需求的強度會取決於動機的強弱、主觀的成功機率、目標的魅力這三者。

女人味的標籤，承擔無法結婚的社會風險。所以，**女性會做出規避成功的行為，以免違背女性背負的性別角色***。

有些男人害怕成功後太過忙碌，會失去跟家人相處的時間，因此也會規避成功，以免失去自己珍視的對象。人們就是這樣變成得過且過、只想維持現狀。

規避失敗和成功的心態

人類會透過綜合性的判斷，來決定要不要挑戰新事物。例如要看成功的機率和挑戰的困難度，還有成功所能帶來的滿足程度，以及失敗造成的損失程度等等。

失敗規避需求

幹勁不高，害怕失敗的人

成功的滿足度不高的課題

成功率不高的課題

對於成功機率不高的課題，或是成功機率頗高，但滿足度不高的課題，覺得沒有嘗試的魅力。

充滿幹勁，不怕失敗的人

沒有失敗風險的課題

能確實成功的課題

對於一定會成功的課題，或是成功率不高，但失敗也不會丟臉的課題才有興趣嘗試。

成功規避需求

如果必須付出自己重要的東西才能換得社會上的成功，有些人會選擇規避成功。

＊性別角色　男女各有其適合的特性、態度、意識等等。這跟生物學上的性別差異不同，應該說是社會上的性別差異。

用肢體接觸增加親密度

心理關鍵字 ■非語言溝通 ■肢體接觸

非語言溝通的方式之一

有些人在交談的時候，會有意無意地觸摸對方身體。例如下屬要出門跑業務，有的上司就會拍拍他們的背部，叫他們努力加油；或是用手拍拍加班的下屬肩膀，慰勞他們的辛勞；也有人在商談場合，會笑著打招呼跟對方握手。

溝通有分**語言溝通和非語言溝通**。所謂的非語言溝通，是指表情、動作、態度、聲音的大小或音質、服裝、髮型、彼此的距離、**肢體接觸**＊等溝通方式。我們會搭配這些方式來跟別人溝通。

肢體接觸是用拉近身體距離的方式，來達到縮

短心理距離的效果（詳見⬇第一〇八頁）。例如下屬做錯事跟上司道歉，上司叫下屬不必放在心上；同樣一句話再加上拍拍肩膀慰勞，下屬會比較釋懷，對上司的信賴也將更加深厚。

不過，如果對象是異性的話，未經同意就接觸對方身體，有可能會構成性騷擾（詳見⬇第二二六頁）。所以使用肢體接觸，還是要看對象、時機、狀況。

＊**肢體接觸**　日本人把這種接觸別人身體的行為，稱做肢體接觸（Body touch）或親密接觸（Skin ship）。這兩種看起來很像英文，但其實是日本人自己發明的日式英文，真正的英文是「touching」。

個人空間的心理意義

我們會把身體周圍視為自己的空間，彼此的關係也會影響到雙方的距離。我們會不經意地挨近親密的對象，或是跟不太親密的對象保持距離。

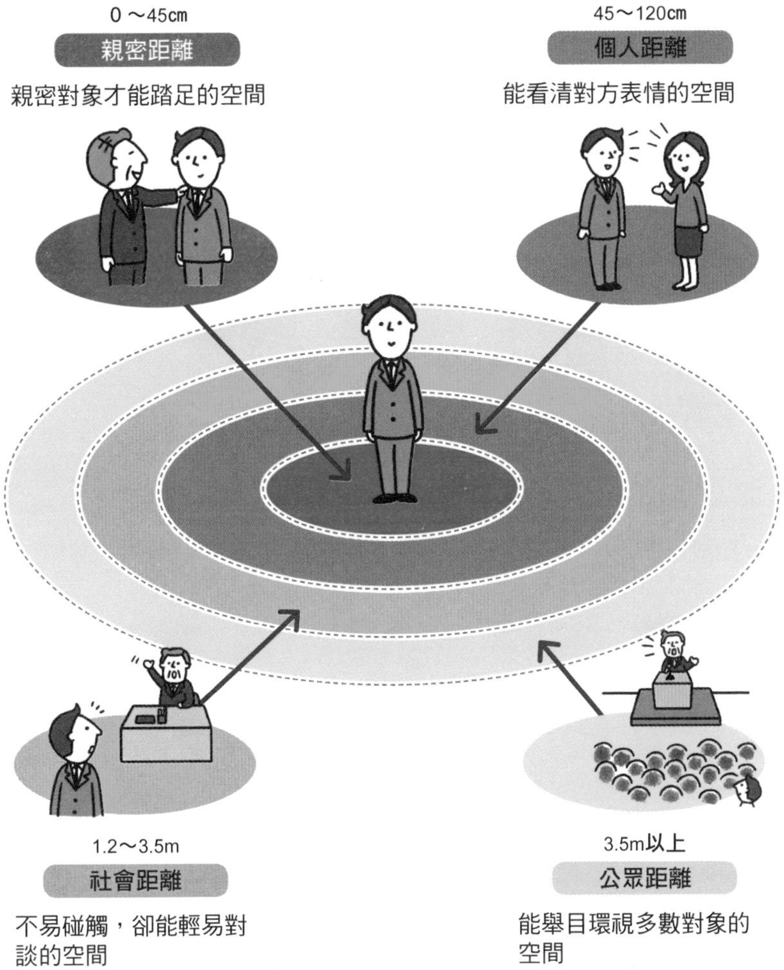

唯有在伸手可及的「親密距離」的遠範圍（約十五到四十五公分，近範圍則是〇到十五公分）之內，才有辦法做出肢體接觸。因此，做出肢體接觸的人是想進入對方的親密距離中，透過身體接觸來提升親密度。

「哪種上司受人愛戴？」

上司會對下屬評分，下屬也同樣會對上司評分。
跟下屬建立良好的關係，上司的前途也會更加寬廣。
過去我們自己當下屬的時候，希望遇到什麼樣的上司？
現在自己帶領下屬了，是否是一位值得追隨的上司呢？

對工作的心態

下達明確的判斷和指示

上司有正確的判斷力，下達指示又果斷明確，這樣下屬才會信任上司，發揮全力處理自己的工作。

不，這種情況下，另一個辦法比較好
部長的指示一向精確啊

保持良好的職場氛圍

上司笑口常開、常保幽默的話，職場的氣氛會很開朗，下屬也會特別有幹勁。

雖然是冷笑話，不過沒關係

懂得發揮下屬的能力，拉拔下屬成長

期望下屬成長，會給予下屬合適的工作，發掘他們的才能，促使他們成長。

這個你應該辦得到，試試看吧
我有幹勁了

信任下屬，勇於承擔責任

上司信任下屬，願意承擔責任讓下屬放手一搏，下屬也會竭盡全力回應上司的期待。

出了事我扛，去吧！
是！我會加油的

對下屬的態度

自己失勢，也要保護下屬

上司承擔下屬的失敗，是理所當然的事。就算短期內在公司裡失勢，就長遠來說，還是能獲得下屬的信賴。

這次失敗
是我的責任
部長，感謝您

待人公平，不會大小眼

不會受個人好惡影響，公平對待每一個下屬，這樣才會獲得下屬信賴。

我好像被
討厭了……

歡迎下屬來商量事情

跟下屬溝通交流，是處理業務的必備方式。個性隨和又好說話的上司，下屬在進行報告、聯絡、商量時也比較順利。

其實呢…
有什麼事，
但說無妨

給予下屬正當評價

不要用個人好惡或能力高低之類的成見，來衡量下屬。給予下屬正當的評價，下屬才會有幹勁。

你口才不好，
怎麼跑業務啊
請不要
這麼武斷啊！

傾聽下屬的意見

許多下屬不喜歡上司「自視甚高」的言行，這會讓下屬失去幹勁，請站在對等的角度聆聽下屬意見。

難怪你們
一直無法成功
每次都不
聽我們的
意見

信守承諾

不管對方是誰，立下的約定就該遵守，這是做人的基本，千萬不能輕忽跟下屬的約定。

課長，您今天
不是要跟我們
喝酒……
抱歉，
部長邀請我啦

不曉得下屬在想什麼

心理關鍵字 ■自我意識 ■羞怯 ■社交恐懼症

不知如何與下屬相處的主管

有些主管很煩惱自己跟下屬的關係，其中最大的煩惱是，**不曉得下屬到底在想什麼**。彼此生長的年代，還有受過的教育都不一樣，上司跟年輕人價值觀不同也是理所當然的。但價值觀殊異造成的**代溝**，會使雙方難以互相理解。很多上司真的不知道該怎麼跟下屬相處，要他們發表意見卻沒什麼反應，稱讚或責罵他們也同樣一言不發。

每個人都擔心別人對自己的看法，這種不安害我們與人相處時自我意識膨脹，進而產生緊張羞怯＊的心情。尤其遇到素昧平生的對象，或是從未經歷過的場合，還有在人前發言或面對上位者，我們都會擔心被別人否定，類似的不安會拖垮我們的自尊心和自信。羞怯傾向太嚴重的話，會發展成不敢與人接觸的社交不安或行為抑制。

有可能演變成社交恐懼症

羞怯傾向嚴重的人，往往自我意識特別強烈。比方說，有個自我意識強烈的人過去在工作上犯了一點小錯。明明大家都不記得那件事了，當事人卻引以為恥，還深感自責。他覺得失敗都是自己的問題，不但背叛了上司的期待，也給大家添

＊**羞怯**（Shyness） 對他人或社會狀況感到不安或害臊，有避免與他人接觸的傾向。

了麻煩，因此變得投鼠忌器，再也沒有自信嘗試新的挑戰。**像這樣的自我意識會助長社交不安**，例如跟上司交談或開會說明事情時，連進行工作上最基本的社交活動都有問題。

羞怯傾向惡化下去，**有可能發展成社交恐懼症*****或繭居族**。在社會生活中要處理好人際關係等各種問題，絕對少不了溝通能力，但羞怯傾向強烈的人難以締結和維持人際關係。

羞怯與社交不安

羞怯傾向嚴重的人，除了自我意識膨脹，太在意旁人的目光以外，還有對自己評價過低的特徵。加拿大心理學家林・歐爾登曾經做過羞怯與人際關係的實驗，印證了以上論點。

羞怯傾向較弱的人，認為成功是自己能力好，失敗則是運氣不好的關係。反之，羞怯傾向較強的人，認為成功是運氣好，失敗則是自己沒能力。換言之，羞怯傾向較強的人不管成功或失敗，都覺得自己是個沒用的人。而這種成見會加深社交不安。

* **社交恐懼症**　因為害怕被別人討厭，或是害怕得不到好的評價，所以避免交際和維持人際關係的一種精神疾病。日本具有羞恥的文化，這是日本特有的文化結合症候群。

總是想偷懶

心理關鍵字
■八二法則 ■社會懈怠 ■林格曼效應

就算全力以赴，還是會偷懶

商業界的很多現象都能用「**八二法則**」*說明，例如百分之八十的工作成果，是花費百分之二十的時間創造出來的；百分八十的銷售額，是百分之二十的員工創造出來的。而我們都認同這種說法，**主要是我們很清楚有些員工經常偷懶**。

心理學中有一個人盡皆知的說法是，**集團的規模愈大，成員就愈容易偷懶**，很多實驗都證明這一點了。尤其林格曼的拔河實驗（左圖）和拉泰的拍手實驗相當有名。在這兩個實驗中，愈大的團體，反而個體成員的出力變弱，但參加實驗的人並不認為自己偷懶了。只是隨著團體變大，他們產生了「我不做，其他人也會做」的心態，不自覺地放鬆了。**這種現象稱為社會懈怠*、搭便車現象、林格曼效應**。

明示個人職掌與責任

集團性偷懶甚至會影響到有幹勁的員工，讓他們不自覺地偷懶。個體的權責愈小，就愈容易偷懶，**這代表企業的規模愈大，員工就愈容易偷懶**；另外跟那些權責較大的上司比起來，年輕員工也比較會偷懶。

在大企業任職，員工很難想像自己的工作跟

＊八二法則　義大利經濟學家帕累托發現的法則。經濟領域中整體數值的絕大多數，是由構成整體的一小部分要素創造的。

企業整體業績有何關聯，也很難感受到工作的成果。再者，低階的年輕員工被埋沒在大批員工之中，有別於那些立於社會或企業頂點的領導階層，他們擔心自己得不到正當的評價，所以不會全力以赴。

要有效控管人類的惰性，最好事先做出防範的對策，例如減少企劃團隊的人數，明示每個成員的權責。**組成一個充滿幹勁的精銳團隊，有預防偷懶的效果，整體表現也值得期待。**

社會懈怠實驗

德國心理學家林格曼用拔河實驗，驗證了社會懈怠的現象。

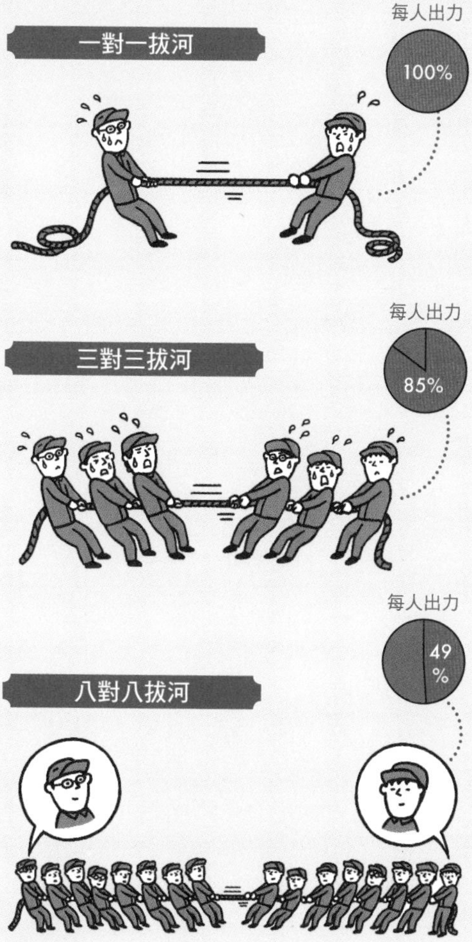

結果 隨著拔河的人數變多，每個人的出力反而下降。八個人拔河的情況下，每個人的出力反而不到單獨拔河的一半。

＊**社會懈怠**　大約在一百年前，德國心理學家林格曼發現集團愈大，成員愈容易偷懶。他的拔河實驗相當有名，此現象又稱為林格曼效應。

說一步才做一步

心理關鍵字 ■等待指示族 ■達觀世代

等待指示族也當上了主管

說一步才做一步，是上司對下屬感到不滿的幾大因素之一。不過，日本現在五十多歲的主管階級在年輕的時候，也是說一步才做一步。他們這個世代從大學的入學考開始，所有考題都從申論題改成選擇題，因此被批評為缺乏思考力和應用力的世代，被稱作為說一步才做一步的「**等待指示族**」。

話雖如此，他們出生在高度經濟成長期，出社會後也經歷過**泡沫經濟***。在公司裡，那些按照年資升遷加薪的前輩，**要求他們「看著前輩的背影好好學習」**，所以他們學會了「**預判對方的要求，並且主動處理好**」的技能。於是，他們也希望年輕員工預判上司的要求，不要事事都等上司開口才做。

故意不多做

然而，**現在的年輕員工從懂事以來，日本的泡沫經濟就崩潰了。他們是在閉塞的時代下長大的，從來沒有體驗過什麼叫景氣良好**。而且，他們有本事在漫長的求職冰河期一路過關斬將，也算是人才濟濟的世代。

年輕人很清楚，未來不會再有過去那樣的經濟

＊泡沫經濟　投機行為導致資產價格超越實體經濟範疇，日本的泡沫經濟始於一九八〇年代後期，於一九九〇年代初期瓦解。

成長了。公司的成長無法期待，自己的職位和薪資也無法當成目標或夢想，努力工作也只是窮忙罷了。因此，他們**寧願追求符合自己水平的現實路線**，也不要好高騖遠追求理想。也難怪年輕人被稱為「**達觀世代**」*，他們知道自己能得到的成果有限，不會有太高的期望。

優秀的年輕人會做出合理的判斷，與其做不必要的事情被上司罵，還不如一開始安分守己就好，這才是他們說一步才做一步的原因。不過，他們有確實執行任務的能力，上司應該明確告訴他們該做什麼，而不是光只抱怨他們不懂得採取主動。

泡沫世代與達觀世代

達觀世代生於一九八〇年代後半，和接受寬鬆教育的「寬鬆世代」幾乎是互相重疊的世代。他們跟那些陶醉於泡沫經濟的父執輩不同，期望的是安定穩健的現實路線。

	泡沫世代	達觀世代
名牌	全身都是名牌貨 	沒有錢，不會浪費 
車子	想開名車證明自己的身價	對車沒興趣，也不會開車
運動	隨季節變化享受網球或滑雪等不同的運動	沒興趣，懶得運動，以免覺得累
喝酒	每天喝、當水喝	不喝酒
戀愛	追求三高（高學歷、高收入、高身高）	對戀愛無感，草食系愈來愈多
資訊來源	朋友之間口耳相傳	網路
工作	追求亮眼的資歷，對跳槽毫無抵抗	追求安定，不會有過高的奢求

＊**達觀世代**　前日經新聞記者山岡拓撰寫的《無欲的年輕人》一書，在網路上引起廣泛討論，達觀世代一詞就是從這些討論中衍生出來的，意為「領悟自己能得到的結果，故無所求」。

藉口一大堆

心理關鍵字 ■藉口 ■合理化 ■自我設限

用藉口或辯解安慰自己

有些人工作失敗時，一定會**替自己辯解或找藉口**。比方說上司要求他們說明失敗原因，**他們就會先來上一段無奈的開場白**，再補充一長串的藉口替自己開脫。

至於對方願不願意接受他們的藉口，那就是另外一回事了，但我們都習慣用對自己有利的方式來解釋事情。

例如辛苦整理的企劃案不被採納，你可能會安慰自己，落選純粹是公司缺乏時間和人力的關係。或者，原本確信可以到手的業績突然變卦，你反過來嫌棄客戶不好，還安慰自己一定會遇到更好的客戶。

換言之，**在無法達成某個目標的時候，我們會把責任歸咎於外在因素，捏造出對自己有利的藉口來說服自己，達到安撫心靈的作用**。在心理學裡，這樣的心態叫做**合理化***。

害怕失敗，所以事先找藉口

也有人都還沒有開始，就先準備各種藉口了。

例如在接受升遷考試的時候，說自己整天忙著工作，根本沒有時間準備考試。或是即將進行重要簡報的時候，說自己剛好要準備兩場簡報，所以

***合理化**　這是心理學中的一種自我防衛手段，當欲望無法滿足的時候，就用對自己有利的藉口來填補欲望與現實的落差。

沒有太多時間做準備。

事先替自己找好藉口，萬一升遷考試沒過或簡報沒被採用，也可以安慰自己這是非戰之罪，說不定上司和同事也就不追究了。**在面對各種問題的時候，事先安排一個對自己不利的條件（Handicap），以免失敗的時候自尊心受傷，這又稱為自我設限。**

萬一真的失敗了，**就可以說是條件不利的關係，**不是自己能力不足或努力不夠。反之，成功的話，就可以說自己的實力扭轉了劣勢。**反正不管怎麼說，都能保護自尊心不受傷害**。

職場議題 Topics

找一些對自己有利的藉口，伊索寓言中的「酸葡萄」

伊索是古希臘的寓言作家，伊索寓言是他統整各地流傳的民間故事，以及個人創作編纂而成的作品集。伊索寓言從古代流傳至今，「酸葡萄」正是其中一則故事。

有一天，一隻肚子餓的狐狸走著走著，看到一棵結實纍纍的葡萄樹。狐狸拉長身子使勁往上跳，想摘下葡萄食用。但葡萄長在太高的地方，狐狸怎麼跳也摘不到。火大又不甘心的狐狸仰望著葡萄說：「反正那些葡萄一定又酸又難吃，誰要吃酸葡萄啊。」說完負氣的話以後，狐狸就離開了。

當我們得不到想要的東西，就會貶低那樣東西來安慰自己，酸葡萄的故事常被當做合理化自己的範例。順帶一提，英文也會用「酸葡萄」來表示「心有不甘」的態度。

自我評價極低，缺乏自信

心理關鍵字 ■自我評價 ■抑鬱型自我意識 ■冒牌貨症候群

抑鬱型自我意識

有一個很有名的寓言叫「**半杯水**」，不同的人，就算看到同樣的半杯水，感想也不盡相同。樂觀的人會慶幸杯中已經有半杯水；悲觀的人會遺憾地說杯中只有半杯水。

從心理學的角度來看，**這是自我評價影響到心理狀態的問題**。

有的人自我評價不高，不認為自己有能力或魅力，就跟那些悲觀地認為杯中只有半杯水的人一樣。**這種人就算成功了，他們在意小缺失更勝於成功的事實**，而且會一直後悔自己不該犯下那點小錯誤。萬一真的失敗了，他們會非常厭惡自己，深信自己果然是無能的人。

這是屬於**抑鬱型自我意識***，不管成功或失敗，都只注意負面的要素。而這種意識會害他們陷入惡性循環，持續拉低自我評價。

女性常有的冒牌貨症候群

另一方面，女性常有所謂的**冒牌貨症候群***。罹患冒牌貨症候群的人，她們明明有眾人認可的功績，卻認定自己純粹是運氣好。**她們不相信自己有本事達成那樣的功績，很擔心自己成了欺世盜名之輩，所以才會有這樣的稱呼**。

***抑鬱型自我意識**　「抑鬱」不是指「壓抑憂鬱」的意思，而是指壓抑的精神狀態，抑鬱跟憂鬱常被當做意義相近的詞彙使用。

自我評價不高的人，即便上司委任她們合乎實力的職缺，她們也不認為自己有實力和自信坐上那個位子。上司好意提拔她們，她們卻毫無幹勁，而且一點也不高興；因此上司對她們感到失望又不滿，最後得出「女人果然靠不住」的結論。

上司為推動職場多元化（詳見➡第五七頁），明知女性有小看女性自己的傾向，還是需要活用她們的能力。

自我認知差異所導致的自我評價不同

重視優點或成功等正面要素的人，會給予自己肯定的自我評價。反之，計較缺點或失敗等負面要素的人，擁有抑鬱型自我意識。

自我評價高的人

●會去注意正面的要素。

自我評價不高的人

●會去注意負面的要素。

＊**冒牌貨症候群**　無法相信自己的成功和業績是靠自己的實力得來的，據說女性常有這種問題，但最近的研究發現，這在男性也變常見的。

擅長用客套話掌握人心

心理關鍵字 ■客套 ■迎合

真心的叫稱讚，非真心的叫客套

過去日本人舉辦宴席，會特別聘請一種藝人叫**持太鼓**＊，負責討客人的歡心和帶動會場氣氛。這種傳統藝能的存在，也算是反映人們**花錢找專家來讚美自己的心態**吧。這一點在商場上也同樣沒變。

有的人很**擅長找出別人的優點大力稱讚**，例如才看一眼傳閱的會議資料，就稱讚上司或前輩的能力了得；或是敏銳觀察女同事的服裝和髮型變化，女同事髮型稍有改變，就立刻褒揚兩句。

如果是真心的那就叫稱讚，至於討對方歡心的就純屬客套話了。不過，就算大家知道那是客套話，也沒有人會討厭讚美的。我們可能會開玩笑說對方嘴真甜，內心卻掩飾不住喜悅對吧。在心理學中，利用人們喜歡被讚美的心理來稱讚對方，屬於**博得對方好感的迎合**（詳見⬇第二四頁）手段。

客套話在歐美是必要的

日本人於對客套話，通常抱有「虛情假意」或「肉麻」的負面印象。而在歐美，客套話被當成**推動人際關係的潤滑劑**。

比方說，歐美人不管在私人或工作場合，都會

＊**持太鼓**　負責在宴席上討客人歡心，帶動會場氣氛的藝人，又稱為幫間或男藝者。據說是江戶時代產生的職業，業餘的則稱為野太鼓。

盡力尋找對方的優點稱讚，而且稱讚的對象不分男女，遇到男性也會讚美對方領帶漂亮，這些客套話幾乎跟打招呼一樣重要。

有讚美別人能力的人**代表溝通技巧高超**，況且沒有人會對阿貓阿狗說客套話，客套話是用來討好想要巴結的對象，所以客套話應該當成一種溝通工具妥善應用。

說客套話的技巧

找出對方的優點大力稱讚，討對方的歡心，這些行為都稱為迎合。迎合的代價是可以獲得對方的好印象，迎合有分讚美或自謙，這兩者的共通點都是抬高對方身價，以博得對方的好意。

客套話

●直接稱讚對方。

您的領帶真漂亮，很適合您喔
謝謝

自謙

●以低姿態間接拉抬對方身價。

您的領帶真漂亮，像我就用不起了
你說得也沒錯
沒這回事啦

用逢迎拍馬的方式博取好感

心理關鍵字 ■自我呈現 ■逢迎拍馬 ■巴結

博得對方好感的印象操作

不管是有意或無意，**我們平常會配合時間、場所、對象、場合，改變自己的服裝或髮型之類的外在條件**。因為我們希望灌輸對方符合我們期望的印象，**所以才用操作印象的方式來達成這個期望**。在心理學中，這種**印象操作**稱為**自我呈現***（詳見⬇第一六頁）。

美國心理學家瓊斯與彼特曼，把自我呈現分成五種類型。其中**逢迎拍馬**的行為，是一種為博得對方好感的**巴結**行為（詳見左圖）。

而被拍馬屁的上司，也希望下屬對自己抱有好感，哪怕只是表面上的好感，也總比反感要好多了。

只是，逢迎拍馬不見得會得到預期的效果。比方說，下屬在上司面前狂拍馬屁，背地裡卻說上司的壞話，還傳進上司的耳中；本來龍心大悅的上司知道下屬是在拍馬屁，態度就會轉為輕蔑與冷落。這時自我呈現的作戰就以失敗告終，反而偷雞不著蝕把米。

拍馬屁也是講技巧的，但要獲得上司或同事的好感，最實際的自我呈現方式還是努力提升自己的工作能力，這才是王道。

***自我呈現**　用言行操作印象，期望別人對我們抱有某種感情或印象，這都稱為自我呈現。英文寫做self-presentation。

用自我呈現的方式進行印象操作

我們會用自我呈現的方式操作自己的印象，期待別人對我們抱有某種評價。瓊斯與彼特曼把印象操作分成五大類，每一種自我呈現都可以達成目的，獲得良好的評價，反之，也可能招致對方反感。

印象操作事例	典型的行為	期待對方抱有的感情	想求得的評價	失敗的評價
巴結	自我揭露	●好意	●對方的好感	●沒主見 ●卑微
	從眾行為			
	親切			
	客套話			
	拍馬屁			
自我推薦	主張自己的能力或業績	●尊嚴	●被視為有能力的人	●自戀 ●不誠實
模範	自我否定	●罪惡感 ●羞恥	●被視為有價值的人	●偽善者 ●自以為虔心
	援助			
	奉獻式的努力			
威嚇	威脅	●恐懼	●被視為危險的人	●煩人 ●無能
	憤怒			
懇求	自我批判	●擁戴 ●照顧	●被視為可憐的人	●怠惰 ●要求者
	要求援助			

在職場孤立，成為心態上的繭居族

心理關鍵字 ■繭居族預備軍 ■親和需求 ■無助感

害怕社交關係的繭居族預備軍

有一種人上班從不遲到早退，工作也會好好完成，但他們始終**避免跟上司或同事接觸**。這些人午休時間也是一個人度過，既不跟同事去喝酒，也不參加公司內部的活動，**永遠是孤伶伶的**。

他們幾乎不會主動開口，在進行最低限度的交談時，**對同輩語氣也極為拘謹有禮**。這不是他們尊敬對方的關係，**而是想跟對方保持心理上的距離**，理由是他們極度恐懼跟別人深度交流。

富山國際大學的樋口康彥在二〇〇六年出版過一本書，書名叫《繭居族預備軍——為什麼有人會被孤立》。書中表示，把自己關在家裡的是**「社會性繭居族」，至於用封閉心靈的態度參與社會活動的大學生或上班族，屬於「繭居族預備軍」**。

孤獨感會招致孤立

每個人都有想要親近他人的親和需求*（詳見➡第八二頁），**但繭居族預備軍在度過社會生活的過程中，害怕與他人交流會造成傷害，因此封閉自己的心靈不與人接觸**。他們避免各式各樣的交流，表現出拒絕別人的言行舉止，也受到集團的孤立。對周圍的人來說，這類型的人不好相

＊**親和需求**　想跟別人在一起，避免孤獨的需求，是一種締結人際關係的動機。當人類遭遇災害之類的危急情況，而陷入不安與恐懼時，親和需求就會更加強烈。

處，也難以親近，漸漸地沒有人願意理他們，他們也就愈來愈孤立了。

美國心理學家瓊斯曾經調查孤獨感如何影響行動。結果發現，那些覺得自己孤獨的人，**自我評價**（詳見⬇第四二頁）**不高，也缺乏自信；他們不被外人所理解，也不相信其他人，而且抱有一種無力改變社會不公的無助感**（詳見⬇第五八頁）。這種人不只批判自我，對旁人和社會也抱持批判的態度，無法建立良好的人際關係，孤獨感也就愈來愈強烈。

孤獨感太強就會真的變孤獨

獨自享用美食或旅行的人變多，「一人成行」的說法愈來愈普遍，孤獨的人未必就擁抱孤獨感。但孤獨感強烈的人很容易孤獨，而孤獨又會加深孤獨感。

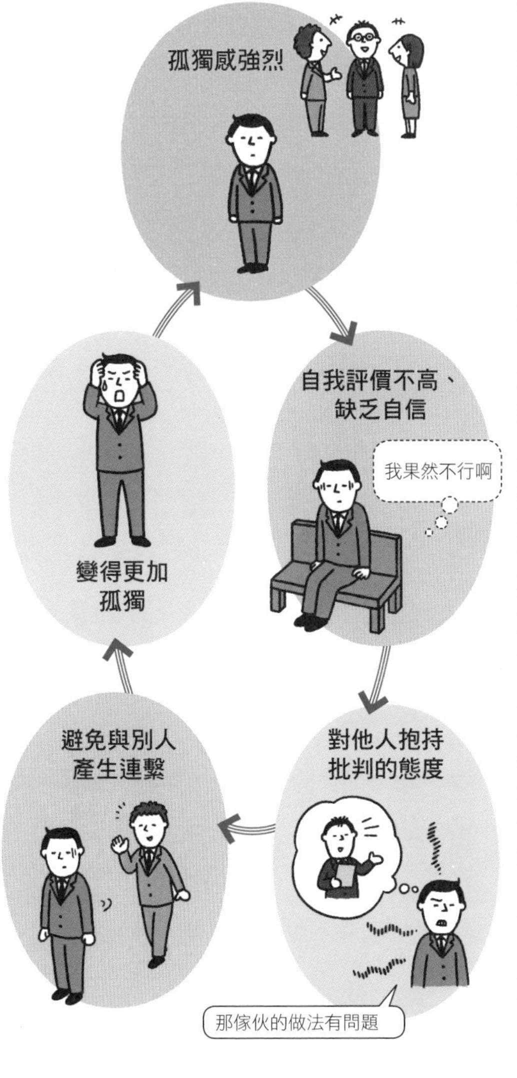
孤獨感強烈
自我評價不高、缺乏自信
我果然不行啊
對他人抱持批判的態度
那傢伙的做法有問題
避免與別人產生連繫
變得更加孤獨

稍遇小事就暴怒抓狂

心理關鍵字 ■挫折反應 ■挫折容忍力

過去容易抓狂的年輕人，現在也當上主管了

過去的日本人認為**不滿和憤怒是會累積的**，一旦超過容忍的極限，就會爆發出來。換句話說，「抓狂」不是現代人的專利。

「**抓狂**」是九〇年代的人用來形容當時年輕人的詞彙。

二十多年過去了，當時的年輕人也結婚生子，當上了公司的中階主管。而現在，抓狂現象在男女老幼身上都看得到。

心理學用**挫折**（Frustration）反應來說明這種抓狂現象。當人的欲望被某種原因妨礙，處於一種不滿足的狀態下，就會產生挫折反應。這時候心理上的緊張感逐漸攀升，便會產生各種挫折反應來解放緊張感。

挫折反應分為五大類，**最普遍的是攻擊型反應，例如攻擊他人或破壞性的衝動等等**。

挫折容忍力是可以鍛鍊的

每個人都有挫折感，但有人在緊張感攀升的狀態下，也能克制挫折反應。美國精神分析學家索爾·羅森茨維把**忍受和超越挫折的能力，稱為挫折容忍力**＊。

挫折容忍力不是與生俱來的能力，而是後天學來的。例如在幼兒期的養育過程中給予適度的挫折體驗，使其累積克服挫折感的經驗。

因此，我們**可以自己提升挫折容忍力**。比較常見的方法是分析挫折的原因，嘗試解決挫折感，或是跟親朋好友商量等等。

挫折反應

陷入挫折狀態的人，會採取下列五種挫折反應來排解欲求不滿。「抓狂」便是其中一種反應方式，被歸類為攻擊性反應。

1 攻擊反應

表現出攻擊他人，或是丟東西之類的破壞行動。

2 退化反應

表現出心智年齡退化，或是跟別人撒嬌等幼稚行動。

3 壓抑反應

壓抑情緒，不讓自己去留意挫折感。

4 逃避反應

做白日夢或幻想來逃避現實。

5 固著反應

用咬指甲、抖腳等方式消除緊張。

＊挫折容忍力 忍受和超越挫折感的能力。累積克服挫折的經驗，或是接受心理輔導，都能提高挫折容忍力。

在網路上說上司的壞話

心理關鍵字 ■虛擬空間 ■匿名性

在網路上可以化身為其他人

有愈來愈多人被上司責罵後，**會上部落格或臉書說上司的壞話，也有人被罵完就立刻上推特抱怨的**。其中有人明知上司會看到，還抱著惱羞成怒的心情故意貼文。以前的人有怨言不敢對上司明說，會先冷靜一段時間，再找同事或朋友商量排解，**但網路社群服務*普及以後，大家一受氣就到網路上發洩不滿**。

網路上可以操作各種資訊，包括姓名、照片、個資等等。換句話說，當事人可以變成一個跟自己完全不同的虛擬人物，來跟其他人交流。因此，**人們在虛擬空間中利用匿名性，寫下許多不敢當面說出來的誹謗謾罵**。

匿名性會誘發人類的攻擊性

美國心理學家菲利普・琴巴多曾經透過實驗，**證實匿名性會提高人類的攻擊性**。他找來兩組女大學生參與實驗，一組穿著露出眼睛的實驗衣，身上沒有標示名牌；另一組同樣穿著實驗衣，身上卻有標示名牌，兩組人手上都有電擊別人的按鈕。結果發現，身上沒有標示名牌的組別，按下電擊按鈕的時間比較長。換句話說，**人類在身分隱密的情況下，不必擔心別人對自己的看法，**

＊社群網路服務　Social Network Services，在網路上與人交流的服務，世界最大的社群網路服務是實名制的臉書，mixi可以匿名參加。

也沒有遭受反擊的風險時，就會變得特別有攻擊性。

這種狀況跟虛擬的網路空間有異曲同工之處，網路留言板和部落格之所以充斥著各種誹謗中傷的字眼，主要是匿名性會引出人們的真心話。也只有在匿名的虛擬空間，大家才敢寫下上司和職場的壞話，畢竟在網路上不必擔心身分曝光，也不用怕被反擊或追究責任。

匿名性會提高攻擊性

心理學家琴巴多透過實驗，證實了匿名性會提高攻擊性。

《實驗方法》

❶ 找來兩組女大學生，一組穿上掩蔽身分的實驗衣，另一組同樣穿上實驗衣，但身上有標示名牌。之後讓兩組人持有電擊他人的按鈕。

❷ 事先告訴她們誰比較惹人厭，或是誰比較討人喜歡。

❸ 請她們電擊那些討人厭的傢伙，如果覺得對方很可憐，不按按鈕也沒關係。

匿名性高的組別

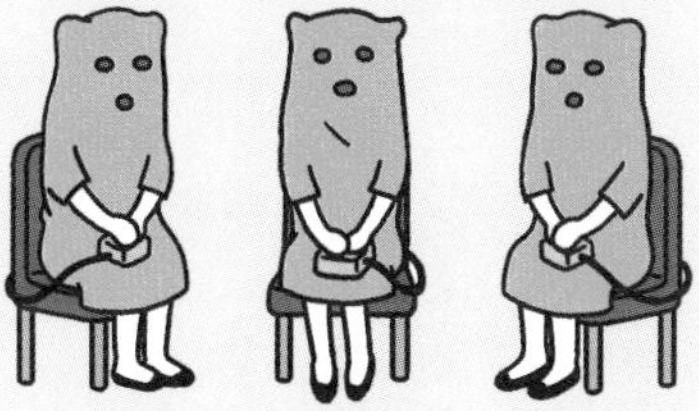

匿名性低的組別

結果 沒有標示名牌的組別，按下按鈕的時間比較長。

↓

匿名性會提高攻擊性

太在意上司的評價

心理關鍵字 ■自我評價 ■他人評價 ■自卑情結

上司不在就偷懶

有時候工作忙得要死，我們卻沒辦法專注在工作上。如果有旁人在場，還會強迫自己裝出正在工作的樣子；反之，沒有人在場的話，就會打開電子郵件或是小憩片刻，相信各位都有類似的經驗吧。

沒有人想被當成懶惰鬼，大家都想給人精實幹練的印象，這種心情會讓我們在人前表現出專注的模樣。考生寧可到圖書館或餐廳裡念書，大概也是要利用旁人的目光，來保持自己的緊張感。

然而，同樣在目光環伺的情況下，有些人只有上司在的時候才會認真工作，一看到上司外出或出差，就會開始上網或聊天。上司不在，緊張感便蕩然無存，偷雞摸狗之輩就露出真面目了。許多人很討厭這樣的同事，可是偏偏上司沒發現這種同事的真面目，讓認真工作的人感覺自己努力工作就跟笨蛋一樣。

太在意他人評價

想獲得上司的讚賞，是認真工作的一大動力。問題是，為什麼我們在意上司的目光，更勝於同事的目光呢？

一般來說，**自我評價**＊（詳見⬇第四二頁）**愈**

低的人，愈在意他人評價*，**也就是別人對自己的評價**。這種人會透過其他人的評價，來拉抬低迷的自我評價。

因此同樣是他人評價，上司的評價就是比同事的評價重要，畢竟上司位高權重，對我們的升遷又有決定權。

這樣的心態背後隱含著**強烈的自卑情結，獲得他人評價的目的在於提升自我評價**，應該要接受心理輔導克服自卑情結，從根本上提升自我評價才行。

自我評價與他人評價

我們會提升自我評價來維持自尊心，所以自我評價不高的人，會下意識地尋求他人的評價來間接提升自我評價。

●自我評價不高的人，會想提高他人評價。

●上司給予的評價，比較有提升自我評價的效果。

＊**自我評價與他人評價**　當事人對自己的評價稱為自我評價，別人對自己的評價則稱為他人評價。自我評價較高的人，自我肯定感（自尊心）也高。

性格古怪不好相處

心理關鍵字
■從眾行為 ■獨特性需求 ■多元化

不希望在團體中格格不入

我們隸屬於各式各樣的團體，包括職場、家庭、地區、同好，甚至酒友等等。**每個團體都有各自的規範，成員則依循著規範活動**。團體規範若跟成員的意見想法契合，那自然是沒什麼問題，萬一有差異的話，那就必須修正差異融入團體中了。

美國社會心理學家所羅門・艾許曾用實驗證明，**當團體成員的意見一致，只有自己跟別人不一樣的時候，我們會改變自己的意見遵從團體的規範，以免被團體排擠**。實驗中有三分之一的人屈服於團體壓力，改變自己的意見；很多人選擇遵從團體，放棄個人主張。

這個結果也是在告訴我們，貫徹個人意見，不盲從大眾是一件多困難的事情。尤其在重視協調性的日本，這個比例恐怕只會更高。**大部分的人寧可改變己見附和眾人，也不希望自己在團體中格格不入**。

有特色也不錯

不過，人心除了有從眾的需求以外，同時也有**想做自己的獨特性***（Uniqueness）需求。我們摸索著這兩個矛盾需求的平衡點，確立自己在團體

＊**獨特性需求**　人們在承受從眾壓力時，除了會採取從眾的行動以外，還有一種追求與眾不同的獨特性需求。

中的立場。

獨特性需求強烈的人會貫徹自己的意見，不在意棒打出頭鳥的從眾壓力，**但也容易被視為缺乏協調性的怪人**。不過近年來大家也發現，**把員工的多元化*當成一種特色加以活用**，對企業的成長也有幫助。現在講求用獨特性的觀點來評量員工，以求徹底發揮每一個員工的能力，因應變化多端的商業環境和多樣化的需求。

獨特性需求

獨特性需求較強的員工，經常被貶抑為缺乏協調性，其實獨特並不是缺點。面對特殊的價值觀和想法，以獨特性的觀點加以評量和活用，能促進企業的多元化，讓企業適應經營環境的變化，打造出具有競爭力的企業體質。

獨特性需求較強的人其特徵

● 並不在意自己與眾不同

那傢伙是不是怪怪的
我跟大家不一樣，你們羨慕嗎

● 不遵從傳統或規則

這是最新的和服穿法喔

● 敢於表達自我主張

我有意見

＊**多元化**（Diversity）　一九六〇年代到一九七〇年代，在美國誕生的一種概念。意指不問性別、國籍、年齡，活用多樣化的人才可提升企業生產力，促進企業成長，達到追求個人幸福的目標。

一直都是菜鳥，提不起勁做事

心理關鍵字 ■無助感 ■習得性無助感 ■比馬龍效應

不管過多久都是菜鳥

長久以來經濟不景氣，日本許多企業都不再雇用社會新鮮人了。對學生來說，就業冰河期的困境有增無減，而企業也無法解決員工高齡化的問題，**愈來愈多年輕員工等不到新血加入，只好一直當公司裡的菜鳥，成了萬年菜鳥**＊。每到新年度，他們就感嘆自己的工作缺乏變化，整天盼著公司趕快招募新人進來。

這群人在職場中一直是最小的輩份，也無緣肩負重責大任，更沒有機會指導晚輩來學習管理能力；他們做的永遠是新人在做的工作，例如接聽電話、製作會議紀錄、擔任宴席的總幹事等等。**這對當事人來說不只是在打壓他們的幹勁，跟那些任職於IT企業或是其他成長產業的同輩相比，雙方的資歷落差也愈來愈大**。

無助感是會潛移默化的

美國心理學家馬汀・塞利格曼做過狗狗的動物實驗，**發現無助感是會潛移默化的。當我們長期處在努力也得不到回報的情況下，就會認為努力是沒意義的，進而失去挑戰的欲望，這又稱為習得性無助感**。

如果公司礙於某些原因沒有雇用新人，上司

＊萬年菜鳥　意指沒有新人可帶的上班族，二〇〇八年雷曼風暴發生後，減少雇用新人的企業中有不少這樣的菜鳥，尤其又以管理部門和研發部門居多。

也該在每天的業務工作中訓練那些萬年菜鳥的能力，避免他們陷入習得性無助感。對此，心理學提供了一個很棒的解答，當我們被他人期待，就會努力精進來回應對方，這叫**比馬龍效應**。

希臘神話中有一位雕刻高手叫比馬龍，他愛上了自己打造的美麗女性雕像，因此希望雕像化為人身。天神受到他的誠心感召，便成全他的心願，賦予雕像生命。上司若跟比馬龍一樣對下屬懷有很高的期待，下屬也會幹勁十足地回應上司。

塞利格曼之狗

心理學家塞利格曼用狗狗做實驗，發現動物長期處在無法逃避壓力的狀態下，會乾脆放棄逃跑，故而提倡習得性無助感一說。

《實驗方法》

❶電擊兩隻狗狗。

A

給予狗狗一個停止電擊的按鈕，讓狗狗學習逃避電擊。

B

不給狗狗按鈕，讓狗狗學習無法逃避的現實。

❷之後，讓兩隻狗狗移動到一個箱子裡。箱子裡有兩個隔間，其中一個有電擊，另外一個沒有電擊。

A

狗狗會移動到安全的隔間。

B

狗狗不願移動，一直在原地承受電擊。

結果 A 狗狗學到電擊可以迴避，B 狗狗卻學到電擊是無法逃避的。

「哪種下屬討人喜歡？」

據說，下屬最重要的資質不是工作的知識或技術，而是面對工作的態度。會跟別人好好打招呼，懂得虛心接受別人的建議，而且認真處理上司交辦的工作，具備這些條件才算得上是「優秀的下屬」，上司也才願意託付重責大任。

對工作的態度

總是充滿朝氣、笑臉迎人

上司比較願意把工作託付給充滿朝氣的下屬，哪怕能力稍微差一點也無所謂，這種人無形中就會被當成「能幹的下屬」了。

辛苦了！
他今天也很有幹勁呢

會好好打招呼

對任何人都能好好打招呼，光是這樣做，就能帶給上司你很積極做事的印象。

我跑完業務回來了！
這次的工作交給她負責好了

失敗也不氣餒，更不會找藉口

失敗後不要太失落，也不要找藉口；應該冷靜分析原因，從中吸取教訓成長。

這是失敗的原因啊，不要再犯同樣的錯了

做的比說的多

光說不練的下屬是不會受到信賴的，上司比較喜歡積極行動的下屬，而不是藉口一堆的類型。

啊、這個交給我來吧！
值得期待啊

對上司的態度

敬重上司

上司是經驗豐富的職場前輩，也是人生的先進，應該敬重上司，不要抱持偏見。

認真聽話，遵從指示

認真聆聽別人說話，是社會人士的基本禮貌，在上司發表訓示的時候做筆記，能獲得上司的青睞。

報告、聯絡、商量工作做得滴水不漏

處理工作不要自做主張，要先跟上司商量才行，一有問題不要隱瞞，要立刻找上司商量解決之道。

主動處理雜務

雜務是所有工作的基礎，輕視雜務是無法成大事的，請積極接下雜務吧。

要保持謙虛

工作愈熟練愈容易得意忘形，上司討厭那些炫耀自己學歷或能力的下屬，謙虛對待工作的下屬比較討喜。

發生壞事也要回報

沒有人是不會犯錯的，發生壞事應該即早回報。這樣上司也比較好下判斷，可以趁問題還不嚴重的時候解決。

不喜歡同事

心理關鍵字 ■第一印象 ■自我應驗預言 ■自我揭露的相對性

第一印象很準

我們總會遇到一些自己不喜歡的人，即便都在同一間公司任職，也不是每個同事都跟我們合得來。有些人我們根本不想見到，也不想跟他們多說一句話；**打從認識他們的那一刻，你是否就覺得自己不喜歡對方了？**

人們會從外觀之類的視覺情報，來確立對方的**第一印象，在無意之間依照第一印象做出人際知覺***。比方說，對於第一印象良好的人，我們會注重他的優點，從他的優點來詮釋其為人，並相信他確實是一個好人。而對第一印象不好的人，就會產生完全相反的反應。

假設我們一大早跟某個人打招呼，對方沒有回禮。如果你認為對方是個好人，你會覺得對方純粹是沒注意到而已；如果你認為對方是個討厭的人，你就會認定他是故意無視你。心理學稱這種現象為**自我應驗預言***，類似的經驗一再發生，我們就會相信第一印象是準確無誤的。然而，依照第一印象做出人際知覺，**這等於喜歡的對象和討厭的對象，都是我們自己塑造出來的**。

自己敞開心胸，對方才願意敞開心胸

不過，我們也不能因為討厭同事，就一直不相

＊**人際知覺** 根據外貌、行為、風評等明確的線索，來主觀推測對方的意圖、態度、感情、性格等眼睛看不到的內在特質。

往來，這會對工作造成影響。請嘗試一下**自我揭露的相對性**，讓彼此工作更加愉快吧。

首先，請回想自己跟合得來的同事是如何溝通的。想必你跟那個同事不會只聊工作上的話題，還會聊一些興趣、家庭、煩惱之類的事情，因為我們都希望喜歡的人瞭解自己。**用這樣的方式開誠布公（自我揭露），比較容易博得對方的好感，**對方也才願意自我揭露。這就是自我揭露的相對性了，親密度就是用這種方式提升的。

跟第一印象良好的人相處起來較為融洽

當我們覺得某個人的第一印象不錯，就會採取友善的態度。換句話説，喜歡的對象和討厭的對象，其實都是我們自己塑造的。

1. 憑第一印象覺得對方人不錯

感覺這個人
好隨和喔

2. 友善對待對方

那我也隨和
以待吧

3. 對方也認為我們人不錯

這個人蠻
隨和的呢

4. 對方也友善對待自己

也隨和
以待吧

5. 於是我們就相信，自己看人的第一印象是準確的。

她果然是
隨和的人
她確實是
隨和的人呢

＊**自我應驗預言**　當對方的第一印象確立，我們就會採取相應的人際知覺，對方也會採取相應的言行，因此預測就會被誘導實現了。

忍不住跟同事比較

心理關鍵字 ■社會比較理論 ■向上比較 ■向下比較

跟相似的對象比較

各位是否動不動就跟同事比較，尤其特別愛跟同時期進公司的同事比較？例如，比較同期當中誰最早升遷加薪，或是同期當中只剩下自己還沒結婚等等。**人必須在團體中確認自己的地位，否則會感到不安**。因此會拿自己的思維、能力、年齡、外貌等條件來跟其他人比較，瞭解自己的實力到什麼程度，判斷自己的意見是否妥當，試圖確認自己的地位。美國心理學家利昂．費斯廷格稱這種心理機制為**社會比較理論***。

像職場這樣的地方，會去評比一些沒有客觀判斷基準的事物，比方說工作的契合度、團隊合作的協調性、領導力等等。待在這樣的組織當中，**跟其他人比較是確認自己地位的最好方法**，會想比較，也是理所當然的事情。

我們在跟別人比較的時候，會無意識地挑選那些跟自己程度相近的人，而不是那些與我們水準相去甚遠的人。學生就跟同學相比，家庭主婦就跟鄰居的家庭主婦相比，上班族就跟同事相比。這也是各位習慣跟同時期進公司的同事相比，而不是跟董事長相比的原因。

有自信的人向上比，沒自信的人向下比

***社會比較理論**　為了穩定自我評價，人類會尋找跟自身相近的對象進行社會性比較。自尊心的高低會決定當事人是向上比較或向下比較，屬於一種跟自我評價有關的理論。

不過，比較的對象也不一定都是跟自己相近的人。要跟什麼樣的對象比較，取決於當事人的自信心和自尊心。

首先，對自己充滿信心、自尊心也獲得滿足的人，會跟優於自己的對象相比。好比那些大自己幾歲，能夠當做模範對象的優秀前輩。像這種**向上比較**，通常是出於想要提升自己能力的上進心，或是想要確認自己進步程度的欲望。

然而，對自己沒有信心、自尊心受到威脅的人，習慣跟不如自己的對象相比，這是一種**向下比較**。也就是透過比不上足、比下有餘的心態來獲得安心感。

自尊心與比較對象

一般來說，人類會跟相似的對象進行社會性比較，但自尊心高的時候會跟優於自己的對象相比，自尊心低的時候則跟不如自己的對象相比。

類似比較

當我們想確認自己在團體中的地位，會跟相似的對象比較。

跟他比起來，
我強多了

向上比較

有自信的時候會產生上進心，會跟優於自己的人比較。

我的實力已經
很接近他了

向下比較

沒自信的時候會跟不如自己的人比，來恢復信心。

我比他強多了

無法誠心慶賀同事成功

心理關鍵字 ■沾光 ■自我評價維持模式

對親近的人評價較為嚴厲

各位有沒有炫耀過自己認識名校生或大企業員工，或是跟別人說自己認識某個名人？例如炫耀自己的姊姊去巴黎留學，或是跟某個歌手攀親帶故之類的。我們之所以會對他們的活躍感到高興，主要是可以**透過沾光*提升自我評價**的緣故。

不過，如果同時期進公司的好友比自己更快升遷，我們還高興得起來嗎？這時候我們會**對同時期進公司的好友產生對抗意識和嫉妒心**，並且痛恨上司厚此薄彼，**厭惡自己得到的評價不高**。

美國心理學家亞伯拉罕・泰瑟分析這種複雜的情感，提出了一套**自我評價維持模式**的理論。

根據這個理論，自我評價的高低取決於三大要素：一是比較對象與我們的心理距離；二是比較項目對我們的重要程度；三是對方在該項目中的成績。舉例來說，親朋好友在我們不看重的領域中獲得佳績，我們就會用沾光的方式提升自我評價。相對地，同一個對象在我們看重的領域中獲得佳績，這等於傷害到我們的自我評價，所以我們會批評對方，或是催眠自己那個領域並不重要，再不然就是努力提升自己的成績。總之，**人都會用某種方法來維持高度的自我評價**。

＊沾光　強調自己跟某個享有高度社會評價的人物或團體有關，藉此提升自我評價或提升其他人對我們的印象。

何謂自我評價維持模式？

美國心理學家泰瑟提出自我評價維持模式，該理論認為自我評價的高低，取決於下方圖示中的三大要素。

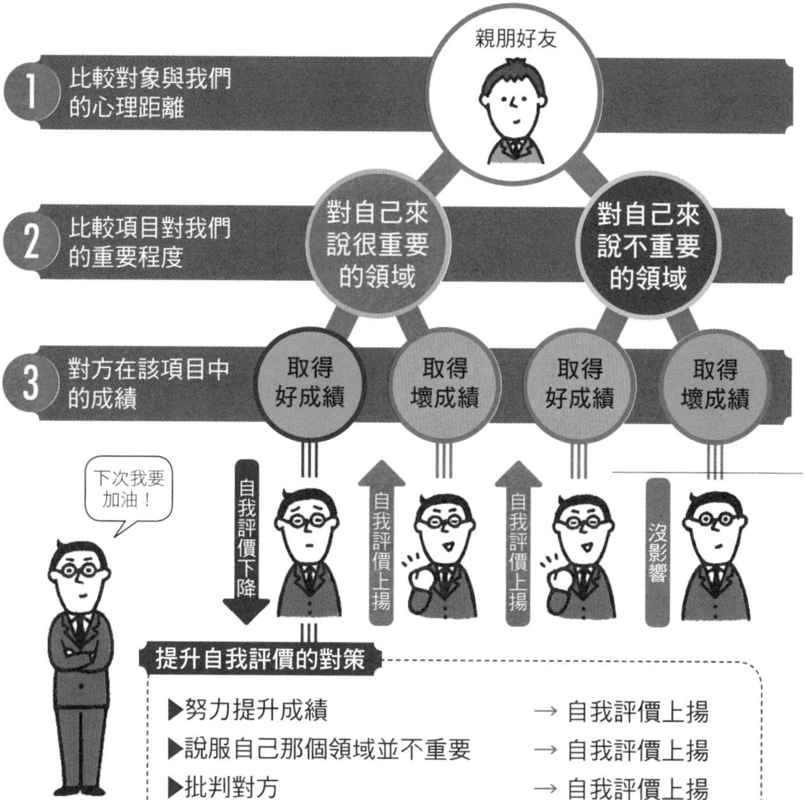

提升自我評價的對策

- ▶努力提升成績　→ 自我評價上揚
- ▶說服自己那個領域並不重要　→ 自我評價上揚
- ▶批判對方　→ 自我評價上揚

結果

- 親朋好友在我們不看重的領域中獲得佳績，我們就會用沾光的方式提升自我評價。
- 同一個對象在我們看重的領域中獲得佳績，這等於傷害到我們的自我評價。
- 當自我評價下降，我們需要提升低落的自我評價，所以會批評對方，或是催眠自己那個領域並不重要，再不然就是努力提升自己的成績。

↓

總之，人們都會用某種方法來維持高度的自我評價

用心理學看透性格的方法

記載性格類型的最古老文獻出自古希臘時期，現代人則熱衷於星座和血型分析。古往今來，人們不斷努力去瞭解別人的性格，而這些累積的研究成果，大致分為類型論和特質論。

類型論與特質論

類型論 …… 以類型來推斷

這種方法把性格分成幾種典型，再依照每個人所屬的類型來判斷其性格。此方法淵源已久，可追溯至古希臘醫聖希波克拉底的四體液說。最具代表性的類型論有德國精神醫學家恩斯特．克雷奇默的體型學說，還有美國心理學家威廉．雪爾頓的胚胎類型論，以及德國心理學家愛德華．斯普朗格的價值類型論等等。

特質論 …… 以複數的特質來推斷

這種方法是以外向性或協調性等複數特質來推斷，並依照不同特質的強弱來解讀一個人的性格（詳見➡第七二頁）。

類型論與特質論互補

	優點	缺點
類型論	較易掌握整體性格	不符合類型的性格不受重視
特質論	能以分析和多元的觀點推斷性格	不易掌握整體性格

類型論誕生於十九世紀的德國，主要是掌握大致的性格傾向；特質論則是更加細緻地掌握性格，因此直到二十世紀以後才在美國發展。類型論與特質論各有優缺點，以互補的方式交互運用，可以更精確地掌握性格。

類型論的範例❶ 克雷奇默的體型學說

克雷奇默的體型學說是類型論的代表範例，克雷奇默診治過許多精神病患者，發現體型與特定的精神疾病有關聯。後來，他在健康的人身上也有發現體型與性格的關聯性，但現在這種方法受到質疑。

強壯型（偏執氣質）

做事一板一眼，極富正義感。具備忍耐力，頑固而不知變通，遇到看不順眼的事情就大發雷霆。

清瘦型（分裂氣質）

安靜內向，嚴肅到神經質的地步。擁有理解力和洞察力，但也有獨善其身、不愛社交的一面。

肥胖型（躁鬱氣質）

開朗、隨和、親切、富社交性，但感情起伏較大，開朗時和消沉時的落差極大。

類型論的範例❷ 斯普朗格的價值類型論

斯普朗格認為生活領域中主要有六大價值觀，分別是理論、藝術、經濟、宗教、社會、政治，並依照每個人重視的價值觀來區分性格。

理論型	重視合理性，尊重普遍、客觀的事實。	藝術型	重視美與調和，熱衷於藝術性活動。
經濟型	信奉財力至上主義，重視實際、效用、經濟性。	宗教型	對於宗教活動或神祕體驗感興趣。
社會型	重視與他人的關係，透過奉獻與關愛他人獲得充實感。	政治型	貪權，對支配或指導他人感到愉悅。

類型論的範例 ❸ 榮格的兩大性格分類

瑞士心理學家卡爾・榮格把人的性格分為外向型和內向型兩大類，這兩大類的區分基準在於傾注心力的方向。

外向型的人關注外在環境，行事基準以外在為主，因此比較注重社會性評價，有容易受人影響的傾向。相對地，內向型的人關注內在，行事基準以內在為主，自我的價值觀比社會的價值觀更重要，有不易受人影響的傾向。

外向型
關注外在環境，對新環境的適應力奇高，充滿社交性和行動力，但容易受他人的意見影響。
內向型
關注自己的內在，對新環境的適應力較差，擁有自己的主見，不會受他人的影響。

類型論的範例 ❹ 榮格的四大心理機能

為了更精細區分人類的性格，榮格認為每個人都有最擅長的心理機能，並且把心理機能分為四大類，分別是思考、情感、感官、直覺。

思考型
想瞭解作者或作品的主題，從中獲得資訊。
看到同樣一幅畫，每個人有不同的情緒反應，看法也各有差異。
情感型
以個人好惡去體會畫作。
感官型
以五感去體會繪畫的構圖和色彩。
直覺型
以第六感去體會作品的內涵，例如作者的性格、主題等等。

類型論的範例❺榮格的八大性格類型

榮格把我們剛才介紹過的兩大性格分類和四大心理機能融合（詳見➡第七〇頁），歸納出人類的八種性格。

	思考型	情感型	感官型	直覺型
外向型	**外向思考型**  基於客觀事實思考事物，對待他人嚴苛，一有失敗或錯誤，就嚴厲究責。	**外向情感型**  不會太深入思考一件事情，為人討喜，擅長交朋友和維持關係。	**外向感官型**  接受現實和適應的能力很強。信奉享樂主義，願意耗費心力追求享樂。	**外向直覺型**  重視靈感和領悟，追求實現的可能性，企業家多屬此類。
內向型	**內向思考型**  關注內在，重視主觀的類型，有頑固的地方。	**內向情感型**  感受性極強，有優先豐富自身內在的傾向。	**內向感官型**  擅長洞察事物背後的本質，具有獨特的表現能力。	**內向直覺型**  會遵照非現實的靈感行動，藝術家多屬此類。

特質論的範例●五大人格特質理論

特質論是美國心理學家高頓・奧爾波特提倡的學說。後來，許多心理學家提出了界定性格的獨特因子，但現在都被歸納為五大人格特質理論，主要以五種因子來說明性格。方法是用問卷調查五大因子的強弱，從結果來分析性格。

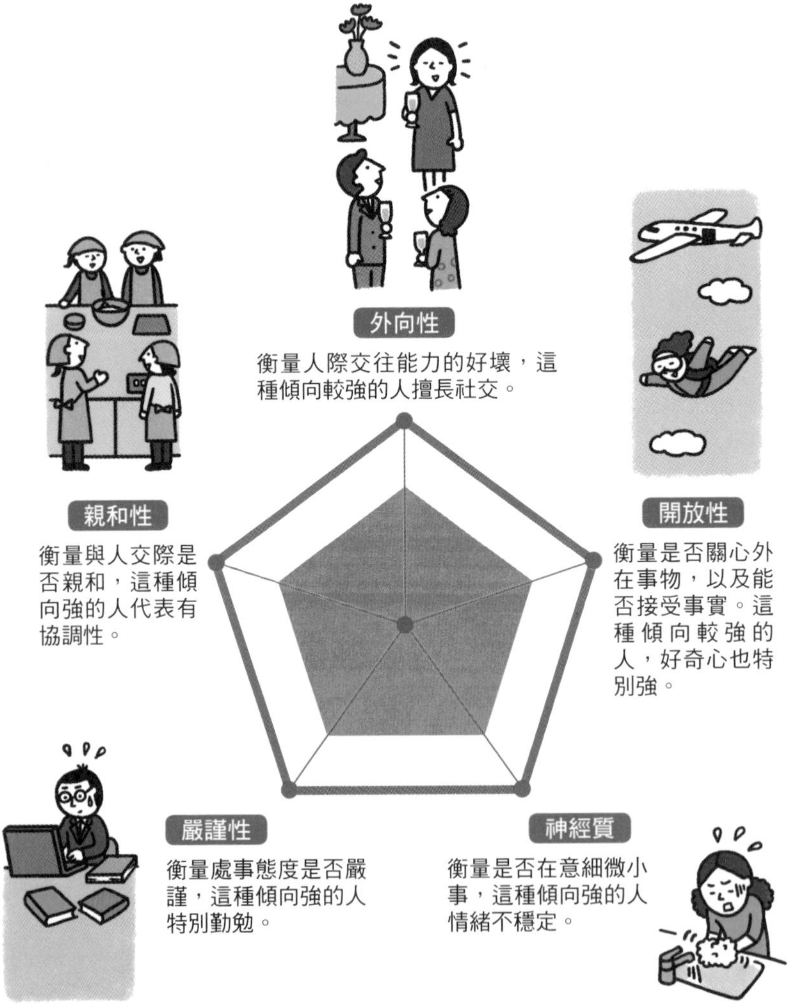
外向性
衡量人際交往能力的好壞，這種傾向較強的人擅長社交。
開放性
衡量是否關心外在事物，以及能否接受事實。這種傾向較強的人，好奇心也特別強。
神經質
衡量是否在意細微小事，這種傾向強的人情緒不穩定。
嚴謹性
衡量處事態度是否嚴謹，這種傾向強的人特別勤勉。
親和性
衡量與人交際是否親和，這種傾向強的人代表有協調性。

第 2 章

培養良好的人際關係

掌握溝通能力

●對同事……74～87

●對上司……88～97

●培養人際關係……102～121

如何在新職場給人好印象？

心理關鍵字 ■月暈效應 ■抱負水準 ■自我宣傳

外觀、地位、頭銜會左右一個人的印象

我們小時候都學過不能以貌取人，人的價值不是靠外表決定的。事實上，**外表好壞確實會影響到周遭的觀感和待遇上的差異**。

比方說，你的部門來了兩個新職員。一個穿著合身的筆挺西裝，看上去相貌堂堂，鬍子刮得乾乾淨淨，髮型也梳得很整齊，一來就朝氣十足地打招呼；另一個穿著皺巴巴的西裝，鬍子也不好好刮，頭髮油油膩膩的，講話聲音不清不楚，儀態也是彎腰駝背的樣子。這兩個人，誰的評價比較高，應該是不言可喻了吧。前者的外表很棒，不需要實際在大家面前展現工作手腕，印象就已經大幅超越後者了。

然而，如果我們發現後者是名校畢業，而且取得非常難考的資格或證照，那麼印象就會完全扭轉過來了，這時候他的印象就變成**「真人不露相」***了。我們有可能完全不瞭解對方，卻徹底翻轉對他的評價。

換言之，我們會受到外表、地位、頭銜等顯著特徵的影響，根據刻板印象來判斷對方的為人，這又稱為月暈效應（光環效應）。

***真人不露相**　聰明的老鷹在襲擊獵物時，會藏起爪子偷偷接近獵物。同理，優秀有能力的人也不會炫耀自己的本事。

學歷不好也有推銷自己的方法

那麼，對自己的外表、地位、頭銜沒信心，該如何是好呢？

如果你有特殊的興趣或技藝，不妨拿出來告訴大家。說自己的興趣是「騎馬」，至少比「讀書」或「看電影」更容易引人關注，搞不好人家會覺得你是名門之後。想要獲得關注的人，不妨從事

好的月暈效應和壞的月暈效應

月暈效應有分兩種，一種是博得好感的正面月暈效應，一種是留下壞印象的負面月暈效應。

正面月暈效應

●光是頂著名校畢業的頭銜，人家就會認為你能力不差。

●大家都以為演員的小孩演技一定很精湛。

負面月暈效應

●學歷不高，工作再賣力也得不到評價。

●大家都以為駝背的人性格很陰沉。

一些特殊的興趣來發揮月暈效應吧。

獲得好印象的方法①——介紹

請德高望重或能力一流的人幫忙介紹，也是獲得好印象的方法之一。這些人已經享有極高的評價，旁人也相信他們介紹的是優秀人才，這樣做，一開始就能獲得好印象。對陌生的對象抱持戒心是人之常情，所以才要用介紹的方式，請別人替自己的人品和能力擔保。

不過，**請德高望重的人幫忙介紹也有缺點，抱負水準*會變得比較高**。就算你的工作成果符合平均表現，旁人也會有期望落空的感覺，甚至產生不悅或厭惡的情感。另外，大家也會責怪那個介紹你的人，對他產生不信任感。

獲得好印象的方法②——自我宣傳

不用介紹方法的話，**就只好彰顯自己的實力或以往的成績了**。這在心理學叫**自我宣傳***，在跟外資企業有關的商場上較為常見。

只是，從日本人的團體性情來看，主張自己能力高超的人容易受排擠。況且大家看你這麼有自信，也會有一種袖手旁觀看好戲的心態。時至今日，**日本人依舊視謙虛為美德，對自我宣傳抱有負面的印象**。

日本人之間做生意，用歐美的溝通方式反而會有反效果。這時候就需要日本人特有的溝通技能了，交談時要好好聆聽對方的談話內容，並在適當時機夾雜自己的談話或意見。

＊抱負水準　在執行課題時設定目標的基準（達成基準）。抱負水準的高低，會影響到我們對成功或失敗的感受；享有成功體驗的人，抱負水準會上升，反之則會下降。

自我推銷是一把雙刃劍

用介紹或自我宣傳的方式推銷自己，稍有不慎，可能會有反效果。

有介紹人的情況

是那個人介紹的，
應該不必擔心
嗯？
她的工作能力
不如預期呢
真是令人失望

透過德高望重的人介紹，會增加旁人對你的期待，要求自然也會比較高。萬一無法滿足大家的要求，反而會萌生不悅或厭惡的情緒。

沒介紹人的情況

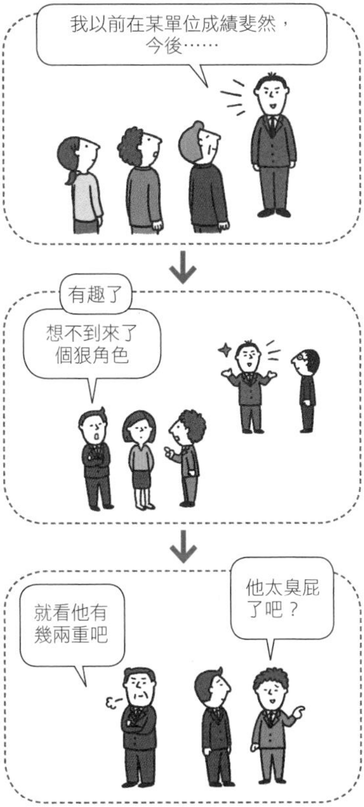
我以前在某單位成績斐然，
今後……
有趣了
想不到來了
個狠角色
就看他有
幾兩重吧
他太臭屁
了吧？

自我宣傳的方法失當，別人可能會以為你自戀、不夠謙虛，反而不被信賴。

＊**自我宣傳**　彰顯自己的業績和能力，讓對方尊敬自己的手法。稍有不慎，會被當成自戀狂，反而不被信賴。

結交值得信賴的伙伴

心理關鍵字 ■稱讚 ■道謝 ■感謝

用道謝代替道歉

每個人都喜歡被稱讚，稱讚別人也能博得好感。本書也闡述過，讚美在溝通行為中是相當重要的潤滑劑*（詳見⬇第四四頁）。

不過，**要稱讚得恰到好處，不是件容易的事情**。錯誤的讚美言詞反而會使人際關係惡化，這就好比潤滑油沒用好，齒輪會鬆脫一樣，讚美不是隨便亂用就有效果。

那麼，有沒有什麼**促進溝通圓滑的萬用詞彙呢**？

多說「**謝謝你**」這句感謝的話，基本上是不會得罪人的。例如過去你請別人幫忙，都是向對方表達你的歉意；現在，請你用謝意代替歉意，讓對方知道他幫了多大忙，這樣人家才會心甘情願地提供協助。

不同的立場也適用同樣的道理。假如上司稱讚你工作做得很好，你開心都來不及了，根本不會有怨言。若下屬對你提供的建議表示感激，你也會對下屬抱有好感吧。而對方看到你開心的表情，也會產生積極正面的心態，「謝謝你」就是有如此妙用。

用感謝之意建立正面的人際關係

＊潤滑劑　用來減少機械磨擦的油料，後來被比喻為促進事物圓滑的要素。

近年來，在心理學的領域，有關「**感謝**」的研究相當盛行。現在我們發現，表示感謝與被感謝的一方，都能得到抒壓的效果。有報告指出，**時常表達感謝之意的人，正面思考的傾向比較強，幸福感也持續得比較久**。工作是靠上司、下屬、同事、客戶才得以成立的，請好好表達感謝之意，這對我們自己也有好處。

「感謝」的效果

在難過或痛苦的時候，保持笑容是非常重要的。即便一開始是強顏歡笑，當你的顏面肌肉做出笑的動作時，大腦就會判斷你正在笑，情緒也會漸漸變開朗。換句話說，先從形式做起也很重要。

道歉的用法要特別留意

↓

表達謝意，對方才會開心

道謝不需要顧慮太多，直接說出口就對了。據說對同一個對象持續道謝，短時間內雙方的關係就會大有進展。

從人情債培養出信賴關係

心理關鍵字 ■各取所需 ■情感性負債感

各取所需也是要有信賴關係的

同事之間**各取所需***，這樣的平衡關係才稱得上是最安定的狀態。不過，萬一平衡關係傾斜，其中一方都在麻煩別人，那又會是什麼情況？給**人添麻煩的一方會覺得自己欠下人情，下意識地想要還清人情債。這又稱為情感性負債感，拜託欠我們人情的對象幫忙，對方答應的可能性非常高。**

例如，你想拜託同事幫忙製作資料，你可以提起上次幫他的舊帳，請他這一次來幫你。用提舊帳的方式刺激對方的情感性負債感，對方也不好拒絕。

當然，這種拜託方式是在利用對方的虧欠感，**但適度地做人情和欠人情，總比完全不做人情或欠人情要好**，有數據指出，這樣做，**雙方的信賴關係會更堅定**。換言之，**人情債也是一種溝通的手段**。

不易產生情感性負債的案例

那好，假設你看到有人陷入困境，主動幫忙，對方的情感性負債感又會如何演變呢？這時候對方的情感性負債感其實高不到哪裡去，受到幫助的一方只會覺得很幸運，不會認為自己真的需要

***各取所需**　給予對方利益，也收取對方給予的利益，平等互惠，與好意的回報性也有關聯。

幫助。

新進人員跟指導者之間的關係也是一樣的道理，新進人員的情感性負債感也不怎麼高。前輩幫他們再多的忙，他們也只會覺得那是指導者該做的事情。雙方的能力和年齡差距太大的話，也會有類似的情況發生。所以請各位瞭解一件事，**也許你以為自己做了一個人情，但對方可能並不這樣想。**

想還清人情債的心態

人類一旦欠下人情債，會下意識地想要還清。瞭解這種心態，就知道在何時拜託對方比較容易成功了。

資料明天趕不出來了
我幫你吧
欠了一個人情
做了一個人情
●產生情感性負債感
好啊
今天換你幫我吧
這下人情債兩清了
●雙方各取所需

女性多的職場容易發生的問題

心理關鍵字 ■親和需求 ■價值觀共有 ■謠言

小團體內麻煩的人際關係

「想跟別人在一起」，這種情緒在心理學稱為**親和需求***（詳見⬇第四八頁）。人類是社會性的動物，每個人或多或少都有親和需求。一般來說，女性的親和需求比男性來得高，而女性較多的職場中，也經常發生一些跟親和需求有關的問題。

普遍而言，**女性有組織小團體的傾向**。女學生最關心的事情之一，就是自己該加入哪一個小團體。長此以往，出社會工作後也會留下結黨的習性。舉凡小規模到中規模的職場，還有同年齡的員工較多的職場，特別重視團體內外的人際關係。

每個團體都有各自的潛規則，不遵守潛規則會導致關係惡化緊張，例如有的人只是不跟團員一起喝酒，隔天就被所有人排擠了。因此看別人臉色委屈求全，努力扮演一個「好人」也是會累的。

扮演我行我素的性格

對小團體中的人際關係感到麻煩的話，扮演我行我素的性格也是一個辦法。**也就是明示自己的態度，和團體保持一點距離**。這樣做，一開始也許會遭受攻擊，但只要旁人習慣你的個性如此，

＊親和需求　想跟別人在一起的需求，例如「想要戀人」、「想要朋友」的心情皆屬此類。長子、獨子、社交性高的人，據說都有高度的親和需求。

就比較不會受到人際關係的影響了。

本來職場是工作賺錢的地方，無奈很多人只想著搞好團體內的人際關係，工作反而放在其次。

比方說，**多數員工都是兼職婦女的職場中，小團體的領袖比正職的上司更有發言權**。如果類似的情況太超過，或許有必要跟上司商量一下，請上司出言糾正。

女性喜歡的性格角色

有時候可以扮演同性喜歡的性格角色，在女性較多的職場中過得一帆風順。

人氣角色

〈妹妹型〉

●擅長撒嬌，受到年長者和同年齡層的喜愛。

〈天然型〉

●性格討喜古怪，做錯事也不會顧人怨。

〈大姊型〉

●個性大而化之，很值得依靠。

顧人怨角色

〈孤僻型〉

●缺乏協調性，自我意識過剩。

〈不肯表達意見型〉

●不提出主張，也不曉得在想什麼，旁人會感到煩躁。

〈陰晴不定型〉

●為人任性，把大家要得團團轉，很顧人怨。

利用謠言形成共同的價值觀

小團體形成後，成員間會有**共同的價值觀**。跟伙伴擁有相同的思維和價值觀，女性會感到特別安心。相對地，違反團體價值觀的女性容易被冷眼相待。有時候，女性無法容忍不同的價值觀，會跟價值觀不同的人保持距離。

另外，**女性有比男性更愛討論流言蜚語的傾向**。謠言一詞通常帶有負面的意義，卻也是瞭解對方情報的重要手段。**放出謠言**，也可以讓旁人知道自己的價值觀和倫理觀，**算是一種交換情報的手段**。

交換情報不但能瞭解別人的價值觀，還能瞭解誰值得信賴，誰不值得結交。而透過交換情報，也有可能結成價值觀相同的小團體。

女性正是靠著流言蜚語，找出在團體中自保的方法。自古以來，男性是靠戰鬥手段來保護自己，女性則是跟同性團結合作來保護自己。因此，在團體中的地位是非常重要的。

職場局姊的憂鬱

在女性較多的職場中，總會有眾人簇擁的領袖。旁人會依附那位領袖組成小團體，領袖身旁還有參謀。在大公司裡，不見得只有一個小團體，也可能有敵對的小團體存在，敵對的小團體中也有領袖和參謀。

「**職場局姊**」＊一詞多半給人不好的印象，其實換個角度來看，那些老鳥也是工作幹練、熱心照顧後進的前輩。要在職場中統領女性職員，發揮領導力的話，難免需要做一些得罪人的事情。

＊**職場局姊**　年資已久，對職場女性同事有深厚影響力的女性。本指在宮中擁有個人房的女官，江戶時代則是指將軍家或大名家中有個人房的侍女。

這種人如果是男性，大家會覺得他很可靠；若是女性就會被當成恐怖的人。**不過職場局姊也可能是害怕年輕職員，所以只好在被攻擊前先聲奪人**，說不定她也是為了自保才支配團體的。

如果各位的職場也有**局姊**，遇到問題請試著找她商量看看吧。領袖會透過別人的依賴來確認自己的存在感，她會認為自己受到信賴，表現出親切的回應。

男性職員通常不會注意到女性職員間的爭執，就算注意到了也只會覺得麻煩，故意視若無睹。但在女性較多的職場，必須保持女性職員間良好的關係，才能發揮她們的工作能力和辦事效率。男性上司若是發現女性同事之間的問題，或是有人反應相關的爭議，請務必想辦法解決，不要視而不見。

職場議題 Topics

在職場上容易被同性討厭的女性

商業雜誌《PRESIDENT》曾經報導過「職場深層心理學」的專題，其中有提到幾個特別容易被同性討厭的女性特徵。

- 不肯承認自己失敗的女性
- 無能還表現得不可一世的女性
- 工作和反應遲鈍的女性
- 自我主張強烈的女性
- 心情落差極大的女性

報導中也揭露百分之五十九的職場婦女，都有討厭（或不擅長應付）的女性同事。

一般來說，容易被同性討厭的女性有以下傾向。例如，性格高傲、不肯輕易認錯、功名心極強、把私事看得比工作重要、悲觀又卑微等等。

人際關係惡化的解決辦法

心理關鍵字
■偏誤 ■和解 ■對話 ■妥協

往壞的方向思考

人際關係出問題，要趕快解決，否則一旦惡化，就很難重修舊好。況且，**職場同事每天都要碰面，尷尬的關係對雙方都是極大的壓力**，有可能對工作產生不良影響。

這種情況下，我們容易用**偏誤***的負面眼光看人，以為對方的一言一行都不懷好意。例如，當你看到對方跟上司長談，就會懷疑他是不是在說你的壞話。漸漸地，你會失去冷靜判斷的能力。

那麼，該怎麼做才能盡快和解呢？同事之間發生爭執，爭執的種類繁多，和好的辦法也不在少數，首先我們來介紹和好需要哪些要素。

選擇妥協或承認彼此的獨特性

重修舊好，基本上要經歷「**謝罪、原諒、和解**」這幾個階段，但人際關係惡化時，最難的，就是踏出第一步「謝罪」。誠心道歉，其實是一件很困難的事情，也許是因為人際關係惡化的當下，我們也沒有心思去揣摩對方的心情。

沒有互相理解，就無法誠心道歉和原諒對方。換句話說，**「對話」是不可或缺的要素**，所謂的對話，是指好好聆聽對方的說法，同時完整表達自己的意見。對話的進展不順，雙方只好找出勉

***偏誤**　偏頗、扭曲的意思，後來被當成偏見或先入為主的語意。以偏誤的角度看事情，得不到正確的判斷。

強可接受的妥協點，往和解的方向邁進。但這樣有可能產生更大的衝突。

雙方經歷過充分的對話，就可以認同彼此的殊異之處了。也就是說，**不要勉強找出雙方的共通點，而是承認彼此的獨特性，創造新的解決之道。**這時候，雙方要冷靜地探討感情不睦的原因，不要害怕對立加深或彼此的差異浮上檯面。重點是以尊重和包容的態度，和對方好好交談。

把事發經過或怨言寫在電子郵件上，是最糟糕的做法。首先會留下不好的紀錄，而且還有被轉寄給第三者的風險。萬一上司知道了，可能會演變成更大的問題。所以，最好還是當事人面對面解決比較好。

職場議題 Topics

日本傳統的和解方法——村落集會

鎌倉時代（十二世紀末到十四世紀初）村落社區逐漸發展，村落集會便是村民聚在一起交談的場合，同時也是人們用來和解的地方。

每當問題發生，村長就得充當聆聽者主導對談，有時候集會一開就是好幾天，大家會徹底交流意見。談久了，對立的意見交雜在一起，產生出灰色地帶，與會人士也願意接納那樣的結果。就算自己的意見不受採納，也不會留下太大的不滿，畢竟意見已經獲得抒發了。這是一種很有日本人風格的和解方法。

對上司
1

如何跟不喜歡的上司相處？

心理關鍵字 ■厭惡的回報性 ■類似性法則 ■心理需求

感情是可以控制的

縱使我們有選擇下屬的權利，但沒辦法選擇自己的上司。遇到合得來的上司是運氣好，**遇到合不來的上司那就悲劇了……**。努力工作得不到讚賞，也提不起幹勁做事，上班變成一件很痛苦的事情。

要避免類似的狀況發生，最好的方法是控制自己的感情，學習如何跟不太喜歡的上司好好相處。

那麼，具體來說該怎麼做才好呢？

「本能上討厭對方」的情況，我們姑且不提，如果你只是不太擅長跟那個上司相處，那麼請先遺忘你的反感。**否則你再怎麼隱瞞，對方也感受得到，屆時對方也會對你有同樣的感想，這稱為厭惡的回報性***。在陷入惡性循環之前，不要放任內心的反感增長。當然「反感」很難一下子變成「好感」，但要變成「中立」是有可能的，光是這樣做就很有效果了。

尋找雙方的共通點

接下來，仔細觀察上司的性格和行為，**尋找雙方的共通點**。擁有同樣的畢業學校或興趣，那是再好不過了，沒有的話，尋找共通的飲食和音樂

＊**厭惡的回報性**　人類不喜歡討厭自己或批評自己的人。好意的回報性則是完全相反的心理狀態。

喜好也沒關係。要是連這都沒有，那就試著去喜歡對方的興趣吧。例如上司喜歡釣魚，你也去嘗試看看，說不定你會覺得很有趣。

記得主動建立共通點，這在心理學叫**類似性法則，人類會對相似的對象懷有親密感**，我們要利用這種心態。

然後再運用**自我揭露**（詳見➡第一七頁）等技巧，跟上司打好關係。

從相識到親密的過程

締造親密關係的要素，不一而足，但從相識到親密，得經歷以下的過程。各位不妨回顧學校或職場的人際關係，應該也能認同這樣的說法。

第1階段　接近因素

●我們會跟距離較近的人交朋友，例如跟隔壁桌的同事，或是學號比自己小一號的同學等等。

喔、原來
坐我旁邊啊
啊、
請多指教
我是
今天調來的，
請多多指教

↓

然後

第2階段　類似性法則

●我們會跟性格、想法、興趣相近的人交朋友。

哦～
你喜歡釣魚？
我也是呢
昨天我坐船
出海釣魚呢

滿足對方心理需求的稱讚方法

被稱讚，應該沒有人不開心，**但要稱讚得有技巧，並不容易**（詳見⬇第四四頁、四六頁）。或許各位也有被稱讚卻高興不起來的經驗吧，**那麼該如何稱讚，對方才會開心呢？**

據說，**滿足對方的心理需求＊是有效的做法**。假設你的上司是一個很聰明的人，稱讚聰明才智的話，他早就聽習慣了，聽到類似的讚美也只會膩。換言之，他的心理需求獲得滿足，稱讚聰明才智是多餘的。因此，**我們要找到聰明形象以外的其他層面，在適當時機稱讚才行**，這樣對方才會認為你是有眼光的人。

比方說，聰明幹練的上司閱讀商業雜誌並不足為奇，但你要是剛好發現他閱讀日本古典文學作品，這就是一個稱讚的機會了。你不妨說，看到他讀文學作品蠻意外的，感覺非常有深度呢。對方聽到罕見的讚美一定有新鮮感，搞不好他會提起一些出人意表的話題，例如自己以前念書有投稿過文學獎之類的。對方願意自我揭露，你的稱讚就成功了，雙方的關係會更進一步。

只是，職場終究是工作的地方，我們不能只顧著打好人際關係。該做的事情不做，整天只想著逢迎拍馬（詳見⬇第四四頁），上司和同事都不會對你有好感的。

＊心理需求　所謂的需求，有分物理需求（食衣住的需求、性欲、睡眠欲等等）、生理需求（維生所需的食物、水、空氣、住所、衣物等等）、心理需求（愛情、感謝、認同、成就感等等）。

令人開心的稱讚方法

稱讚也是有技巧高低之分的，高度的稱讚技巧，需要觀察力和想像力。請用換位思考的方式，想一想怎麼樣稱讚才能博得歡心。

具體稱讚

●不要只說對方很厲害，要稱讚具體的事例。

你工作速度好快，
我好崇拜你喔

不要稱讚得太過火

●稱讚得太過火，一聽就是奉承之詞，請務必留意。

NG

部長一定能
當上社長啦

稱讚對方想被稱讚的部分

●觀察對方堅持和重視的事情，褒上幾句。

課長做的 PPT 質感
很棒呢
真的
嗎？

尋找適當的時機

●過一段時間再稱讚，對方會很高興你記得他的優點。

對了，
當時您的發言
很有見地呢
妳還記得啊

間接稱讚

●有一種心理效果叫做溫莎效應，意思是透過第三者稱讚，會比直接對本人說，更具有影響力。

跟他一起工作，
我受益良多呢
A 前陣子
這樣說喔
是喔

對上司提出反對意見的訣竅

心理關鍵字 ■共識性合理化 ■溫和的自我主張

先認同對方，再提出反對意見

在會議上，**一言不發和表達反對意見的人**，你認為誰的評價比較高？有些上司寧可下屬表達反對意見，也不希望他們悶不吭聲。只是，就算上司瞭解反對意見的重要性，被反駁終究不是一件愉快的事情。

提出反對意見的用意不在於爭論，**而是要和對方交流問題，找出更好的解決之道，這才是重點**。所以，請各位**先認同對方再提出自己的見解**。各位不妨站在上司的角度想想，假設下屬認同你的意見，你是不是也比較願意接受下屬的意見？所以你可以說，從現狀來看上司的說法有道理，只是還有其他可以補充的地方。用這種說法，既可抒發自己的意見，也顧到了對方的臉面。

或者換個方式，先表達自己的想法，再請教上司的高見，這也是有效的做法。在聆聽對方高見的過程中點頭稱是，人家就比較不會覺得你是在唱反調了。

攻擊對方的意見是最糟糕的做法，例如嫌棄上司的觀念老套，或是嗆他搞不清楚狀況。人在受到攻擊的時候，會採取憤怒的反應保護自己。上司可能會反過來怪你什麼都不懂，還自以為是。

用人數當後盾

另外，在開會前先做點準備也很有效，好比**請那些支持你意見的人坐在旁邊。**從社會心理學的角度來說，**人類習慣尋求他人的共識與一致，證明自己的意見正確（共識性合理化*）。**找意見相同的人坐在一起，大家就會覺得你的意見可靠。**如果你的意見成了多數派，在團體內的發言權也會跟著提高。**

何謂溫和的自我主張？

溫和的自我主張，是一種溝通技巧，這套技巧衍生自心理療法，本來是用於治療那些不擅長表達自我主張的人。這個方法講究在尊重雙方的情況下，表達自己的主張，因此被稱為溫和的自我主張。

攻擊型 aggressive

●自我中心，不顧慮他人的方法

儘管語氣溫和，但在對方無從選擇的情況下要求幫忙，也屬於攻擊型的方法。

這種想法
太奇怪了
唔

非主張型 non-assertiveness

●扼殺自我，以他人為主的方法

長期壓抑自我，不滿的情緒會轉變成憎恨。

你說的有道理
其實我
不認為……

主張型 assertiveness

●尊重自己與他人的方法

表達自己的心情與主張，同時顧慮對方。彼此互相體諒，尋找折衷辦法。

我明白部長的考量，
但應該還有其他的辦法
原來如此

＊**共識性合理化** 當我們知道有人贊成我們的意見，或是跟我們意見相同，就會相信自己是正確的。

年長下屬、年輕上司的心態

心理關鍵字 ■功績制 ■年資制 ■自尊心 ■角色期待

年輕上司愈來愈常見

踏入社會工作以後，我們會遇到各種年齡層的人。現在日本許多企業推動**功績制**＊，放棄了過往的**年資制**＊和**終身雇用制**，年輕人當上司的情況並不罕見。

根據二〇〇五年日本經濟新聞社的問卷調查，有百分之七十五的人不反對在能幹的年輕上司底下做事，這也代表**年輕上司已經成為很普遍的存在了**。

而在前面的問卷調查中，有百分之二十五的人**不喜歡跟年輕上司共事**。另外，如果年輕上司比自己更有能力，那當然沒關係，否則下屬很難接受這種情況。尤其那些靠逢迎拍馬（詳見⬇第四四頁）出人頭地的年輕上司，實力沒有比下屬突出，下屬就更不服氣了。

年長的下屬也有自尊

對於意外碰到年輕上司的下屬來說，**他們認為自己的年齡、知識、經驗都勝過上司**。何況在職場上，他們的工作經驗比年輕員工更加豐富，也難怪他們會自認勞苦功高了。

這些下屬其實也明白，提拔年輕上司是無法違逆的企業方針，**但高傲的自尊心還是難以接受年**

＊**功績制**　以能力高低來決定個人評價，還有地位高低和薪水多寡，許多日本企業皆已採用。

輕上司的命令與指示，因此經常惹出各種麻煩。

例如表現出不必要的鬥爭心，生怕被年輕上司看不起；或是做錯事被上司提醒，還惱羞成怒死不認錯，甚至倚老賣老。

相對地，年長的下屬犯錯，年輕的上司也不好處理。就立場上來說，當上司的必須責備犯錯的下屬，但年輕上司又得顧慮到年長下屬的自尊心。

年輕上司與年長下屬的心態

年輕上司與年長下屬，各自有複雜的心境。

年長下屬的立場

跟相差幾歲的年輕上司相處不會有芥蒂？

年輕上司的立場

跟相差幾歲的年長下屬相處不會有芥蒂？

年輕上司和年長下屬，哪個比較討厭？

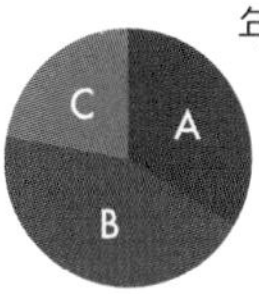

- 年輕上司比較討厭（A） 34%
- 年長下屬比較討厭（B） 44%
- 兩個都討厭，其他（C） 22%

※技職總研網調查

＊**年資制** 以年齡、年資、學歷等要素決定公務員或企業職員的地位。過去年資制是日本人事制度的基礎，以終身雇用為前提，有壓低起薪的作用。

沒實力的年輕上司也是一大問題

有些年輕上司缺乏實力，卻靠著應對進退得宜而攀上高位，這種人可能會對年長的下屬頤指氣使，以達到虛張聲勢的目的。更有甚者，還會搶走年長下屬的功勞，把過錯統統推給下屬。而年長的下屬遇到類似的情況，就會產生反抗心和無力感，再也不想為了無能的上司努力。

認清彼此的角色

現今能力主義掛帥，**年輕上司和年長下屬的關係已不算罕見了，所以溝通能力就變得更為重要**。有哪些方法可以預防前面提到的狀況呢？

其實最關鍵的，**是認清彼此的「立場」和「角色」**。在上對下的相互關係中，**每個角色都有必須背負的期待，這又稱為角色期待**＊。**上司和下屬都必須瞭解，自己得做出符合期待的舉止（角色行為）**。

例如，年輕上司應該尊敬擅於交際的年長下屬，把對外折衝交給下屬處理，年長下屬則不該干涉年輕上司的管理職責。意思是不要拚誰比較厲害，而是時時刻刻把追求成果當成彼此的共同目標。

所以，最好安排一個誠懇對談的環境，例如下班後喝酒交心＊之類的。

不好拿捏的說話語氣

最麻煩的是拿捏**說話的語氣**，為人貼心的年輕上司講話一向拘謹有禮，不會因為對方的年紀而有所區別，但不是每一個上司都如此貼心。遇到講話沒禮貌的年輕上司，很多年長下屬都會感到不愉快。

＊**角色期待**　在相互關係中，每個人都必須背負符合自己角色的期待。比方說上司的角色、下屬的角色，父母的角色，角色行為，就是做出符合期待的行為。

反之，也有下屬仗著自己年長，對年輕上司沒大沒小。尤其比上司更資深的下屬，常有這樣的傾向。

從整個組織的角度來看，這有造成上下關係模糊的風險。兩相比較之下，我們會發現，在上司與下屬的關係中，日本的年資制度有助於減少工作上的磨擦。

講話該不該拘謹一點？

在上司年輕、下屬年長的關係中，很多人都煩惱講話該不該拘謹一點。

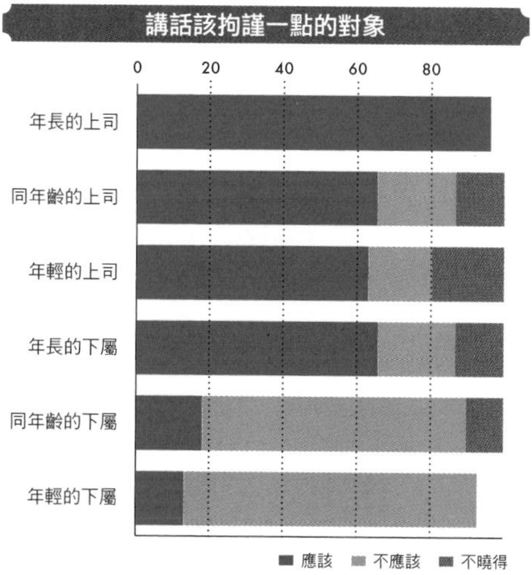

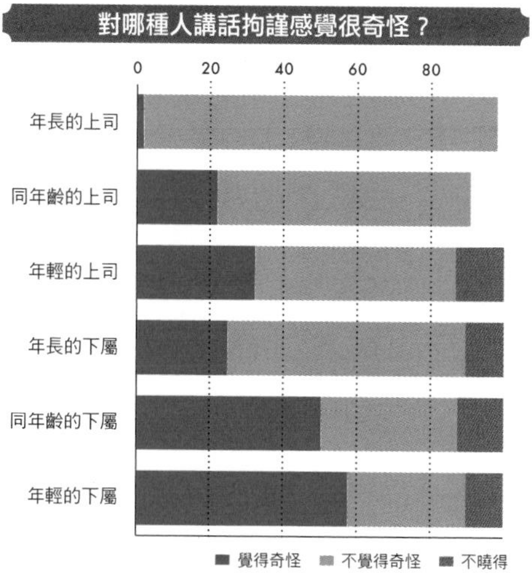

※二〇〇六年調查銀行資料

＊**喝酒交心**　一起喝酒培養感情，本來是上司與下屬交流的慣用手段，現在不太有人使用了。

「為什麼職場戀愛很常見？」

職場是同事每天見面的地方，也是男女最方便的邂逅場所。因此，在職場墜入情網的例子並不少見，職場戀愛算是相當自然的發展。

夫妻相識的契機是什麼？

根據二〇一〇年的調查，「職場與工作」是夫妻相識的第二大契機，占了百分之二十九點三，跟第一名只差百分之〇點四。不過，一九八二年「職場與工作」占百分之二十五點三，高居第一名。這也代表職場戀愛有很高的機會修成正果。

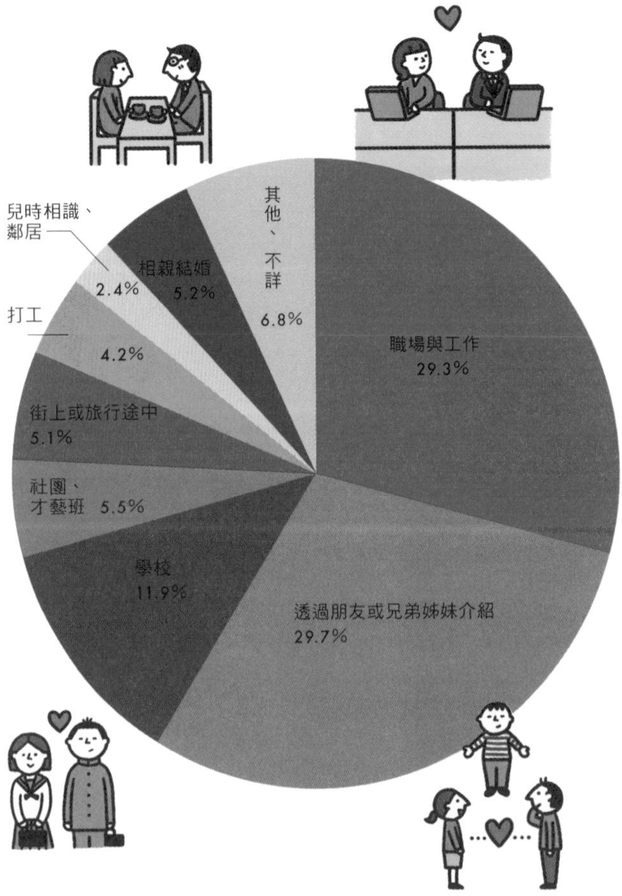

國立社會保險人口問題研究所二〇一〇年度調查資料
（以過去五年結婚的非再婚夫妻為調查對象）

為什麼職場戀愛很常見？

職場戀愛普遍也可以用心理學的角度解釋。換言之，職場是比較容易培育感情的環境。

從社會距離到親密距離
（詳見➡第三一頁）

據說，當個人空間縮短到親密距離，就是所謂戀人之間的距離了。而在職場上，有機會從社交性的社會距離縮短到親密距離。

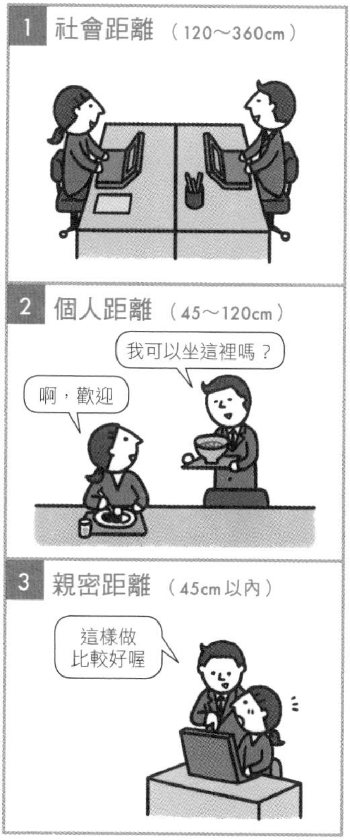

有單純曝光效應
（詳見➡第一〇六頁）

美國心理學家札佐克認為，反覆接觸，能提升好感度與印象，這就叫單純曝光效應，跟熟悉效應也有關係。

利用善意的自尊理論

在對方失去信心時釋出善意，對方會覺得你很有魅力。換句話說，在對方自我評價下降時給予溫柔鼓勵，博得好感的機率將大增。

自尊需求獲得滿足

（詳見➡第二六頁）

獲得別人的讚賞，有提升自我評價和自尊心的作用。這種想要獲得高度評價的需求，稱為自尊需求。在職場上巧妙稱讚對方，可以滿足對方的自尊需求而博得好感。

共有緊張感的錯誤歸因

跟異性一同感受緊張或興奮的情緒時，我們會把心跳加速的感覺視為戀愛情感。這種誤會稱為錯誤歸因，經由加拿大心理學家達頓與艾倫進行的實驗，又稱為吊橋效果。

認知失調理論

美國心理學家利昂．費斯廷格，把消除心中矛盾的心理作用，稱為認知失調理論。比方說你在工作上幫助某個人，而你發現自己是出於好感才提供協助的，這種說服自己的心理作用就是認知失調理論了。

人際關係始於第一印象

心理關鍵字 ■第一印象 ■麥拉賓法則 ■7—38—55法則

第一印象會影響到日後的關係

大家常說第一印象（詳見⬇第六二頁）非常重要，我們也會特別注意自己的身段，臉上常保笑容，在旁人心中留下良好的印象。**第一印象會在旁人心中形成基模**＊，這才是第一印象最重要的地方。所謂的基模，簡單說就是「我們對某個人的既定印象」。

舉例來說，有個第一印象給人聰明幹練印象的人工作失誤了。你一定會感到很意外，原來聰明幹練的人也會失誤，說不定還會產生一種親近感。

反之，印象輕浮的人犯下同樣的過錯，你大概只會有不出所料的感覺吧，搞不好還會產生強烈的厭惡感。

換言之，**我們看待別人都擺脫不了第一印象的影響**。在一段關係剛起步的時候沒有留下良好的印象，就會被人用有色的眼光看待，對各方面也都有不好的影響。

當然，第一印象是可以改變的，但要花上不少的時間。所以**在新職場或新單位想要建立良好的人際關係，最好帶給大家良好的第一印象**。

＊**基模**　英文的基模，本來是指圖示或計劃之意。心理學的基模，則是指不經意形成的既定看法或思維。

第一印象是看人的基準

第一印象，在雙方碰面那一刻就形成了，當時的印象會影響到日後的關係，想必大家都能瞭解第一印象的重要性。

就算兩個人做同樣的事情，第一印象不同的話，獲得的評價也不一樣。改變第一印象並不容易，但像A先生那樣，只要展現出自己的優點，還是有辦法扭轉第一印象的。

第一印象與麥拉賓法則

所謂的第一印象，其實就是「外觀」的印象。

美國心理學家亞伯特．**麥拉賓***主張，當感情與態度產生矛盾訊息時，人們會優先接受視覺情報。換言之，**外觀（視覺情報）是人們非常重要的判斷要素，這又稱為麥拉賓法則。**

根據麥拉賓法則，我們在接受別人之前，要先跨越**四道屏障**。一是外觀、服裝、表情，二是態度、姿勢、動作，三是音量、抑揚頓挫、說話速度，四是談話的內容。

推導出這個理論的是**7—38—55法則（又稱3V法則）**。麥拉賓主要研究的是，當感情或態度產生矛盾訊息時，我們的行動會如何影響他人。結果發現，我們判斷好意的基準，語言情報（Verbal）占的比重是百分之七，口吻和說話速度（Vocal）占的比重是百分之三十八，表情等視覺情報（外觀＝Visual）占的比重是百分之五十五。

第一印象多久會形成？

那麼，我們跟某個人碰面後要過多久，才會形成第一印象呢？有一個以大學生為對象的實驗證實，**短短五秒鐘就可以判斷一個人的負面情緒、外向性、內向性、良知、知性**。超過一分鐘，那些印象的正確性就會提高。

尤其我們對一個人外向與否的印象，在熟識以後也不會有太大的改變。至於協調性、良知、情緒穩定度等印象，可能會隨著一些跟印象相左的事件發生而扭轉。

***麥拉賓** 比較語言訊息和非語言訊息何者為重的心理學家。當語言、聽覺、視覺訊息不一致或矛盾的時候，對方會產生不愉快的感覺。

麥拉賓法則與 7—38—55 法則

心理學家麥拉賓研究的主題是，當感情或態度產生矛盾訊息的時候，人們會如何看待那樣的訊息。他提出了麥拉賓法則與 7—38—55 法則。

麥拉賓法則

我們在接受陌生人之前要跨越四大屏障。

第一屏障

- 外觀
- 服裝
- 表情

第二屏障

- 態度
- 姿勢
- 動作

第三屏障

- 音量
- 抑揚頓挫
- 說話速度

第四屏障

- 談話內容

7－38－55法則

麥拉賓曾經研究，我們會對一個人產生好感，主要是看重哪些要素。而麥拉賓法則就是從這個實驗中推導出來的。

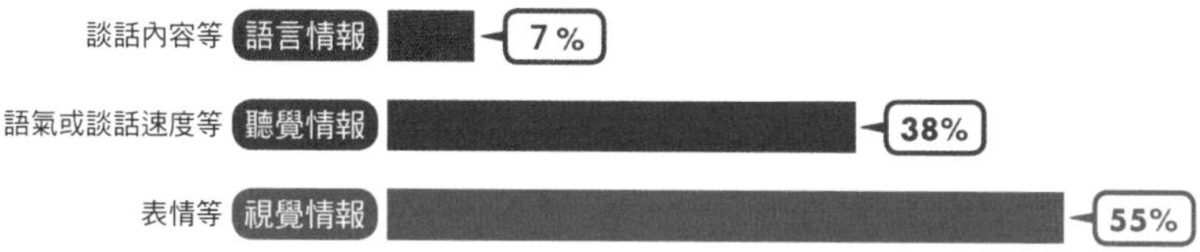

如何在職場上受人愛戴？

心理關鍵字 ■自尊需求 ■單純曝光效應 ■接近因素 ■博薩德法則

「好感」究竟從何而來？

沒有人希望自己是被討厭的，大家都希望受人愛戴。**受人愛戴的人，在職場上溝通交流也會比較順遂**。

那麼，「**好感**」或「**反感**」這一類的情感，究竟從何而來呢？心理學將這兩種情緒的因素歸納成下列幾點。

①他人因素

這是指對方特別有魅力的情況。**據說擁有美豔或帥氣等身體魅力的人，大家比較容易抱有好感**。另外，具備溫柔等性格特質的人，也會博得好感。

②自我因素

有時候自身的狀態和性格會影響到對方的好感，比方說平時沒有特別在意的對象，在我們失落的時候溫柔相待，我們就會產生好感（**自尊需求**→詳見⬇第二六頁）。

③相互因素

我們對想法或喜好相近的人，會抱持好感（**類似性法則**→詳見⬇第八九頁）。相對地，對方具備我們沒有的特質，我們也會覺得對方有魅力（互補性）。再者，帶給我們利益的人也是我們會喜歡的對象。

＊**單純曝光效應**　美國心理學家札佐克在論文中發表的理論，反覆接觸，會提升對方的好感度與印象。

④相互作用因素

有時候兩人之間的相互作用也會產生好感，例如見面的次數增加，彼此就容易產生好感（**單純曝光效應***）。願意稱讚我們的對象，也會增加我們的好感度。順帶一提，利用這種人性，刻意稱讚對方來博得好感，稱為迎合（詳見➡第二四頁、四四頁）。

⑤環境因素

物理性、地理性的環境因素，也是決定好感度的一大因素，好比雙方位子近，方便溝通，也比

提升好感度的心理學法則

瞭解好感度從何而來，就會知道提升好感度的方法了。

月暈效應 詳見➡第七四頁	●外觀或個人經歷有顯著特色時，評價會連帶受到影響。擁有身體魅力的人會獲得高度的評價。
自尊需求 詳見➡第二六頁	●獲得他人讚賞，會提升自我評價和自尊心，被稱讚是開心的事情。
類似性法則 詳見➡第八九頁	●興趣或想法相近的人，關係會比較親密。
單純曝光效應 詳見➡第九九頁	●反覆接觸，會提升對方的好感度或印象。
迎合 詳見➡第二四頁、四四頁	●刻意博得好感的言行，有分客套話、自謙、親切、認同等模式。
好意的回報性 詳見➡第一七二頁	●人會對主動示好的對象抱持好感。
接近因素 詳見➡第八九頁	●位子相近，比較好培養感情，博薩德法則也是同樣的說法。
午餐技巧 詳見➡第一七六頁	●一起吃飯，對溝通交流有幫助。

較容易產生好感（**接近因素**）。反之，在雜亂、悶熱、寒冷的場所，不易產生好感。

現在各位應該知道，該怎麼做才能在職場上受人愛戴了吧？

縮短心理距離的座位關係

我們對別人產生好感的其中一個因素，跟環境因素中提到的接近因素類似，而美國心理學家博薩德發現的法則（**博薩德法則**）指出，人與人之間的物理距離和心理距離是呈正比的。簡單說，人們會接近喜歡或感興趣的事物，並且疏遠討厭或沒興趣的東西。我們可以利用這樣的心態提升好感度。換句話說，**就是用接近對方的方式來縮短雙方的心理距離***。

在開放式辦公室*（座位共用的辦公風格），可自由選擇座位，坐在想親近的對象旁邊增加碰面機會，發揮單純曝光效應（詳見⬇第一〇七頁）。在抽菸室或休息室也能套用同樣的原理。

一對一交談時，坐的方向也很重要

在挑選座位的時候，面對面的坐法會增加緊張感，最好不要選擇這樣坐。最好的位置是隔著桌角比鄰而坐（詳見⬇第一六一頁），並肩而坐也會產生同儕意識。不過，靠得太近，會侵入對方的個人空間（詳見⬇第三一一頁），引起對方的不愉快。如果你想接近對方增加親密感，對方卻起身離席，那就代表你們雙方的心理距離尚有隔閡。

想受人喜愛，要先主動打開心房

除了展現表面上的個人資訊，誠實透露自己的性格、煩惱、身體特徵等缺點，也是一種**自我揭**

＊心理距離　物理距離的相對字眼，用來表現雙方的關係或距離。心理距離近為親密之意，反之則為疏遠之意。

露（詳見⬇第一七頁）。例如在新進員工的歡迎會上，先介紹自己的年齡和所屬單位，然後再透露自己不太擅長交際，並且正為掉髮問題所苦。誠實展現自己內心的人，會一口氣獲得高度評價。

像這種自我揭露方式，不但有提升好感度的作用，同時也是在催促對方自我揭露（自我揭露的相對性↓詳見⬇第六三頁）。也就是說，想要跟對方打好關係，先敞開自己的心房是最快最有效的方法。

自我揭露的程度和親密度

心理學家奧特曼認為，相互自我揭露，除了會增加親密度，還會轉變成內在的相互自我揭露。換句話說，自我揭露的程度和親密度是呈正比的。

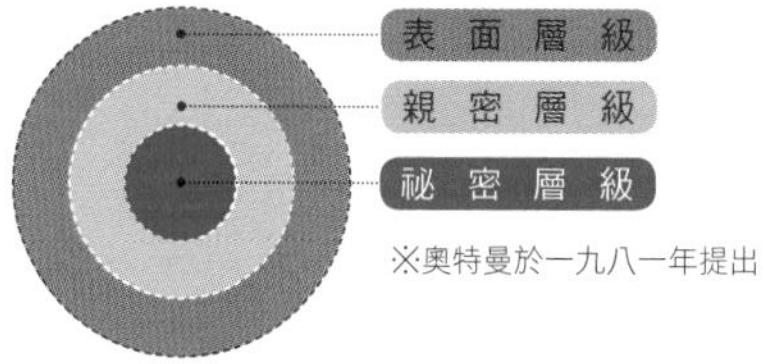

※奧特曼於一九八一年提出

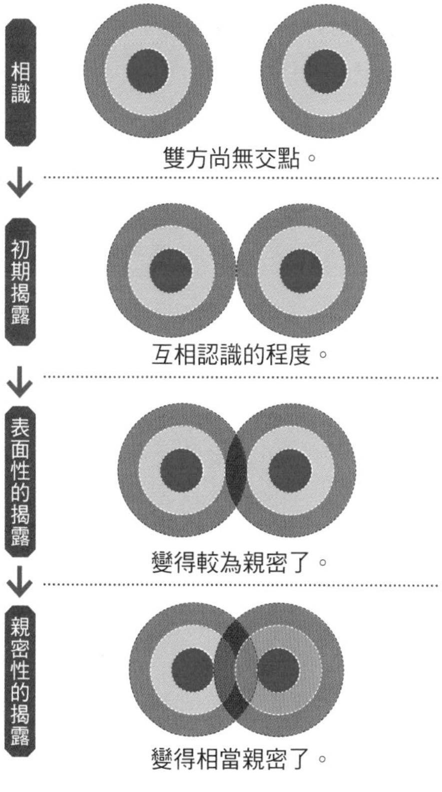

＊開放式辦公室　像圖書館的閱覽室一樣，員工沒有固定座位的辦公室風格。一九八七年清水建設領先全球實施，員工會帶自己的手機、無線網路、筆電等物品上班。

如何喜歡上討厭的人？

心理關鍵字 ■框架 ■偏誤 ■重組框架

以有色眼鏡看人，會更加討厭對方

當我們對某個人有良好的第一印象（詳見⬇第六二頁），就只會看他好的一面來證明我們的「好感」是正確的，並且更加喜歡對方。反之，當我們對某個人的第一印象不好，就只會看他壞的一面來證明我們的「反感」其來有自。同理，我們很難看到喜歡的人有哪些缺點，或是討厭的人有哪些優點。

透過獨特的過濾機制看待人事物，這又稱為框架。框架一旦形成，我們就只會收集符合框架的資訊，無視那些跟框架不合的訊息。透過獨特的過濾機制看人，也可以說是用有色的眼鏡看人。這在心理學又叫**偏見、偏差、成見**（**偏誤**↓詳見⬇第八六頁）。

重組框架，緩和「厭惡」的情緒

所以，我們要知道討厭的人也有優點，同時思考如何喜歡上對方。否則，就無法擺脫負面偏見造成的惡性循環了，請先拋棄有色的眼鏡，**觀察討厭的對象有哪些優點**。

換言之，**要改變既定的框架（改變觀點）**，這個作業又稱為重組框架*。

好比有一個上司很愛嘮叨，下屬每次被唸都很

＊重組框架　意指改變框架或觀點，其目的不在於解決問題，而在於找到解決問題的突破口。

緊張，內心也受不了煩人的上司。其實換個角度想想（重組框架），多虧有上司細心指導才能防患未然。

也就是說，把嘮叨的提醒（不愉快的事情）轉換成「防患未然」的優點，如此一來就會減輕對上司的厭惡了。稍微改變一下看法，印象也會跟著改變。

如何喜歡上討厭的對象

改變一下自己的看法，對對方的印象也會跟著改變，說不定你會稍微喜歡上討厭的對象。重組框架，對於改善溝通也有很大的益處。

練習重組框架

1 找到不滿意的地方

假設有個同事A工作速度很慢，你對他動作慢很不滿。

快一點好嗎，
真是有夠遲鈍的

2 思考其他狀況

他有先經過細心思考，
所以才花比較多時間
也難怪失誤
都很少

3 重組框架

先唸出自己的不平或不滿，然後唸剛才想到的新框架，取代舊的框架。

他工作速度
太慢了！
不對，
他是慢工
出細活嘛

4 改變印象

對A的印象改觀。

他是值得信賴
的傢伙啊

不要找藉口或推卸責任

心理關鍵字 ■防衛機制 ■歸因理論 ■自我設限

推卸責任屬於外在歸因型

在心理學當中，藉口的類型是以歸咎的方向來區分的，這又稱為**歸因理論***。比方說，**歸咎於他人或環境就屬於外在歸因型**，反求諸己則屬於內在歸因型。

外在歸因型的人在失敗發生時，會認為原因出在旁人、組織、制度上，跟自己沒關係。例如，他們會埋怨上司的說明不夠充足，或是別人太晚提出要求，才害他們來不及完成。總之就是把失敗怪罪到其他人身上。

另一方面，內在歸因型的人會把失敗的原因，

愛找藉口的人不夠坦率

所謂的藉口（詳見⬇第四〇頁），**是犯錯時用來規避責任的語言**。還有一種情況是承認自己的責任，但主張失敗還有其他的理由。人們會從藉口中聽出「**辯解**」和「**狡辯**」的意思，因此喜歡找藉口的人會被視為「**不夠坦率**」。

藉口有分**推卸責任型和防衛機制型**，前者主張錯不在自己，都是別人和其他事情的錯；後者則是用來保護自己的。就廣義來說，推卸責任型也是用藉口來保護自己，但我們還是把兩者分開來談好了。

＊**歸因理論**　人們在得知某件事發生的時候，會試圖尋找事發的原因（原因歸屬）。所謂的歸因，是瞭解某個現象（結果）的原因有哪些特殊屬性的過程。

歸咎於自己的態度或性格上。比方說同樣一件工作失敗，他們會覺得是自己理解不足，或是行程管理太散漫。

兩相比較之下，哪一方的態度看起來比較坦率呢？想當然是後者對吧，內在歸因型的人會老實承擔自己的責任，不會找藉口。所以上司和同事也不會追究他們的過失，反而還會給予鼓勵。他們在旁人**眼中博得了「坦率」的形象，好感度也**

外在歸因型與內在歸因型

根據歸因理論，歸因有分外在歸因型和內在歸因型。

外在歸因型的說法

●這種人認為失敗原因不在自己，是旁人、組織、制度有問題。

是他說明
不夠充分的關係

以後不要找他了

●引起周圍的不愉快，評價也跟著下滑。

內在歸因型的說法

●這種人認為失敗是自己的態度、性格、方法、能力有問題。

是我能力不夠

下次幫幫她好了
真坦率的人

●評價上升，大家也不忍再苛責。

水漲船高。

反之，大家遇到外在歸因型的人，會很氣憤他們推諉卸責的態度，再也不肯把重要的工作交給他們。

擅長推卸責任的外在歸因型，或許在社會上比較吃香吧。不過日久見人心，外在歸因型的假面具早晚有被拆穿的一天。

不經意說出口的防衛機制型藉口

精神分析的創始人西格蒙德・佛洛伊德，**把下意識保護自己不受挫折*傷害的反應**，稱為防衛機制。簡單說，就是用來保護自己的言行，藉口也是一種防衛機制。

我們把藉口分成兩大面向來思考吧。

①合理化

合理化是指找到有利的理由，替自己正當化的意思。最有名的莫過於「酸葡萄」（詳見⬇第四一頁）理論了，好比同事的企劃獲得高度評價，有些人明明就心有不甘還死鴨子嘴硬，裝出一副蠻不在乎的樣子，好像自己根本不屑一顧。

②壓抑

這是發現自己的缺點和過失，卻故意視而不見的舉動，也就是壓抑自己的真正想法。其實內心很清楚自己能力不足，卻把「時運不濟」當成過失的原因。

自我設限型的藉口

還有一種方法是先強調不利因素，這樣失敗時就有藉口可用了（**自我設限***↓詳見⬇第四一頁）。**這是藉由強調不利因素，模糊問題的焦點**。例如，用自己年資尚淺或狀況不佳當藉口，事先打個預防針。會使用這種藉口的人，通常自尊心

***挫折**　需求受到阻礙，無法獲得滿足的狀態，包含這種狀態所產生的不安與不滿。我們可以從過去的經驗中學會適當的應對方法，這又稱為挫折容忍力。

都很高傲。

掌握高度的開脫技巧

前面也提過，愛找藉口的人會被當成不夠坦率、油嘴滑舌的傢伙。然而，以合乎邏輯的理由替自己正當化，稱得上是高度知性的行為。不要用一些幼稚的理由或容易穿幫的藉口，聽起來不像藉口的高超開脫話術，也算是一種溝通的技巧。

防衛機制型的藉口

防衛機制型的藉口，是下意識用來保護自己的東西，主要有以下兩種類型。

合理化

●以冠冕堂皇的說法替自己正當化。

這次的企劃不重要啦，
我沒有拿出真本事，
下次我就會認真了
死鴨子嘴硬咧

壓抑

●明知自己的過失何在，卻裝作沒有發現的樣子。

唉呀、
這次運氣不好
老實承認
自己的過錯
會死喔

＊自我設限　沒有自信完成某件事的時候，故意設定一個難以成功的目標或不利條件（阻礙），替自己的失敗辯護。

自戀狂惹人厭

心理關鍵字 ■自戀 ■自戀型人格異常 ■自尊情感

自戀狂令人退避三舍

各位的職場中，應該有一些同事或上司是大家口中的**自戀狂***吧。

所謂的自戀狂，是指有自戀型人格異常的人，一般來說就是非常喜歡自己的傢伙。這種人多半會惹人厭。

自戀狂過度看重自己，認定自己與眾不同，而且毫無自覺。他們會否定真正的自我，在妄想中徹底寵愛自己，據說**這類型的自戀狂多半是男性**。

自戀狂經常誇口炫耀自己，明明沒有人想聽他們的豐功偉業，他們卻故意講給大家聽，好比吹噓自己的工作速度有多快，或是炫耀自己認識什麼名人。他們整天只想博得稱讚，**在旁人眼中當一個有價值的人**，這又稱為**自尊情感**。

不過，自戀狂不擅揣摩他人心思，無法看穿周圍的心態。

如果各位閱讀本書後發現自己有自戀的傾向，請冷靜觀察同事的反應，看看他們在跟你談話時是否心不在焉，是否強顏歡笑等等。若你發現自己沒有值得信賴的伙伴，請努力學習謙虛做人。

***自戀狂**　自戀狂的英文Narcist一詞，源自希臘神話中的美少年納西瑟斯（Narcissus）。少年愛上了自己水面上的倒影，對其他人再也不感興趣。

自戀狂的特徵

自戀狂最喜歡自己了，他們總想獲得認同和讚賞，主要有以下幾種類型。

誇示自己是重要人物

相信自己是特別人物

想獲得大家的稱讚

有特權心態

傲慢自大，缺乏感謝的心意

幻想自己成功或位高權重

為了自己的目的利用別人

看到比自己有才幹的人會心生嫉妒

不會理解別人的心情

學會社交技巧

「人際關係」是第二大職場煩惱

近年來，職場的心理健康問題逐漸受到重視，沒有職場煩惱的人反而是少數。根據非營利組織工作的未來在二〇一一年做的線上調查，二十多歲到六十多歲的上班族，大約八成都有工作上的煩惱，其中「職場的人際關係」僅次於「職場的發展性」。

在社會中生存，自然是躲避不了人際關係的，所以我們需要**社交技巧***（Social skill）——**這是指在社會中順利發展人際關係，跟大家一起生活下去的能力**。

社交技巧高超的人比較受歡迎

WHO（世界衛生組織）對社交技巧的定義是，能發揮建設性的有效方法，解決生活中各種問題的能力。

這些能力主要有決策能力、問題解決能力、創造性思維、批判性思維、有效的溝通能力、人際關係技巧（自我揭露、提問能力、傾聽）、自我意識、同理心、情緒處理能力、抗壓力等等。

具備高度社交技巧的人，**①有察言觀色的本領，②也會想像旁人如何看待自己的言行，而且③他們擅長把自己的想法表達出來**。對於羞怯

心理關鍵字
■社交技巧
■羞怯

＊**社交技巧**　英國的小學有安排一門科目叫PSHE（Personal, Social and Health Education，直譯為人格和社會健康教育），旨在培養小孩的社交技巧。

（詳見⬇第三四頁）的人來說，要辦到最後一項③並不容易。

不過，社交技巧終究只是「技能」，跟我們在成長過程中養成的性格不一樣，是可以透過訓練掌握的。**社交技巧高超的人較受歡迎**，不擅長社交技巧的人，最好從現在開始學習社交技巧。如此一來，人際關係的問題會慢慢獲得改善。

何謂社交技巧訓練？

社交技巧訓練（SST）是以認知行為治療，還有社會學習理論為基礎的支援方法，也有用在幼兒教育、發展障礙指導、思覺失調症復健等等。

把負面思考轉為正面思考

瞭解我們情緒低落時，為何無法採取下一步行動。

增加抗壓性

思考自己承受何種壓力，學習應對的方法。

增加自信

思考如何成為一個有自信的人。

瞭解自己的形象（詳見➡第一〇二頁）

瞭解自己帶給周圍何種形象，而自己的形象又是哪些言行造成的，並且學習如何做出適當的行為舉止。

表達感情

訓練表達感情的語言，以及非語言表達方式。

溫和的自我主張（詳見➡第九三頁）

學習自我主張的方法。

建立人際關係的方法

學習積極建立人際關係的方法。

當一個外向的人（詳見➡第一〇九頁）

為了跟旁人及早建立親密關係，學習主動敞開心胸的溝通方法。

提高同理心（詳見➡第一三八頁、二〇八頁）

學習傾聽和察覺對方感情的能力。

數位化溝通方式的注意要項

心理關鍵字 ■電子郵件 ■即時通訊軟體 ■缺乏溝通

寫電子郵件比較沒負擔

近年來，許多職場**流行用電子郵件或即時通訊軟體*聯絡工作事項**。這些數位工具有迅速傳遞訊息的優點，溝通時又能打破各單位和上下關係的隔閡。優點多多的數位工具，對使用者又會造成哪些心理影響呢？

跟活生生的人面對面交談，是一件消耗心神的事情。相對地，使用數位工具，可以單方面傳遞想要表達的訊息，不必顧慮對方當下的想法或反應。換句話說，**這是一種比較沒有心理壓力的溝通手段**。也難怪愈不好說出口的話，大家會想用電子郵件來表達了。

然而，文字訊息就是電子郵件和即時通訊軟體的一切。當中隱含著什麼樣的語意，全憑閱讀者的猜測，**時常會產生感情認知上的落差，導致原意無法傳達**。尤其用電子郵件傳遞難以啟齒的事情，更容易發展成複雜難解的狀況。

另外，郵件寄出若沒有馬上收到回覆，我們可能會擔心自己是否寫了什麼令人不開心的內容。過度的揣測會害我們疑神疑鬼，這也是當面對談不會產生的情感。

不要只依賴數位化工具

＊**即時通訊軟體**　確認使用者在線上，雙方可以互通訊息的軟體。

要避免類似的麻煩或不安，**遇到重要事件或敏感的內容時，請當面詳談或是打電話聆聽對方的聲音。**

一般來說，數位化溝通常出問題的職場，組織間的溝通也不怎麼圓滑。所以需要努力消除缺乏溝通的狀況，例如每週一次所有成員聚在一起開會，或是召開跨部門的交流會。

如何減少缺乏溝通的狀況？

常用數位化溝通交換資訊的職場，需要努力進行新的溝通。

●重要或敏感的事項，直接見面詳談，不要用電子郵件。

這是重要的事情，
怎麼他不馬上
回信呢？
反正又不急，
明天再回信
好了

使用電子郵件輕鬆又方便，但也容易產生麻煩。以數位化溝通為主的職場，也不能忘記當面溝通的重要性。

●盡量參加公司內的活動。

我第一次參加
公司內的活動呢
想不到
部長還
蠻有趣的

把溝通當成工作的一環，盡量出席內部活動，多跟大家培養感情，這樣可以打造出嶄新的人際關係。

●擔任酒會的總幹事。

下次找他商量
企劃問題好了

主動擔任職場的酒會總幹事或活動總幹事，這樣有機會跟沒交集的對象談話，拓展自己的人脈。

「職場戀愛該不該隱瞞？」

每三人中，就有一人的戀情是職場戀愛（詳見⬇第九八頁），這個數字算高還是低呢？覺得這個數字太高的人，或許你只是沒發現同事的職場戀愛而已。如果你是當事人，你會選擇隱瞞嗎……？

隱瞞是職場戀愛的主流

很多職場戀愛的情侶都選擇隱瞞，理由是怕分手後尷尬，或是不希望旁人多有顧慮，還有一種情況是擔心被當成公私不分的人。而職場戀愛穿幫的主要原因，據說是情侶對望時會散發出親密的氛圍。看來眼神真的是比嘴巴透露更多訊息啊。

隱瞞的理由

- 怕分手後尷尬
- 不希望旁人多有顧慮
- 擔心被說公私不分
- 穿幫恐怕被調職

常見的 公開時機

當雙方決定結婚的時候，人事資料文件上不能不載明，否則不會主動公開。

公開的理由

- 職場戀愛的情侶很多
- 公司不排斥職場戀愛
- 穿幫後不得不公開
- 公開比較不怕對方劈腿

第 3 章

當一個能幹的人

提升技能

●磨練自己……124～149

●開會的心理狀態……150～177

任何人都能成為「能幹的上班族」！

心理關鍵字 ■解決問題 ■創意 ■原創性 ■認知心理學

能幹的上班族極富創意

在社會資訊化、企業全球化的浪潮中，商業環境也有重大的轉變。為了在激烈的競爭中脫穎而出，人們進行各式各樣的摸索，試圖找出新的商機和與眾不同的市場定位。

而在這樣的狀況下，什麼樣的人才是**大家另眼相看的「能幹」上班族**呢？想當然，要有**解決問題的能力**，但解決問題需要創意，**有沒有創意**也是一大重點。例如跟客戶交涉或解決麻煩的時候，不僅要發揮獨特的創意，而且還要符合當下的局面，才有辦法順利做生意。

換句話說，只要有發揮創意的能力，任何人都能成為「能幹的上班族」。

創意不是無中生有

一般我們提到創意，都以為發揮創意需要特殊的才能，其實世界上**幾乎沒有什麼東西是無中生有的**。舉例來說，山中伸彌教授在二〇一二年憑藉**iPS細胞***的研究，奪得諾貝爾醫學和生理學獎，他的研究就是建立在前人的研究成果之上。同理，創意也是仰賴知識與經驗的累積，才得以發揮出來。

也就是說，**豐富自己的知識，廣泛收集各種資**

＊iPS細胞　誘導性多潛能幹細胞，增生後可分化為各種細胞，因此又得名萬能細胞。由京都大學的山中伸彌教授在二〇〇六年開發成功，開拓出再生醫療的可行性。

訊來累積不同的經驗，就有辦法培養發揮創意的能力。

另外，創造性或獨創性等原創才能也是同樣的道理，這些都不是與生俱來的才能。根據**認知心理學**（詳見⬇第一二八頁）的說法，**人類的思考是透過知識反覆進行推論的**；知識愈豐富、推論的經驗愈多，就會產生獨到的想法了。相信各位都瞭解了才對，想要當一個「能幹的上班族」，首要之務是努力累積知識與經驗。

發揮創意的原理

豐富的知識和廣泛的經驗，是創意不可或缺的基礎，活用這些要素進行反覆的推論，尋找解決問題的方法。長此以往便會產生解決問題的創意，而這也就是獨特的構想了。

階段 1

吸收廣泛的資訊豐富知識，增加各式各樣的經驗。

階段 2

動員之前累積的知識與經驗，不斷推敲解決問題的方法。

階段 3

反覆推敲後，就會產生創意和獨特的思維了。

能幹的上班族需要高EQ

心理關鍵字 ■IQ ■EQ

EQ是指情緒商數

有些人的學歷亮眼，工作成果卻不怎麼樣；也有人學歷普普，工作成果卻相當不錯。各位的周遭應該都有這樣的人吧？

過去在重視學歷的時代，高學歷**高智商**（**IQ***）的人被視為「優秀人才」，大家都認為這種人在社會上一定會成功。但隨著時代演變，人們發現「優秀人才」不見得會功成名就。近年來相關的研究大行其道，有人提出了某個看法。

研究結果發現，要在社會上成功，除了講究IQ以外，還需要另外一項能力，於是EQ*這個概念就被推廣出來了。

EQ（Emotional Intelligence Quotient）又被稱為「**情緒商數**」，這是美國心理學家彼得·薩洛威和約翰·梅爾在一九九〇年提出的學說。

EQ的五個主要具體能力是①**自我察覺**、②**自我規範**、③**自我激勵**、④**同理心**（詳見⬇第一三八頁）、⑤**社交技能**。特徵是**看重人際關係和感情控制**，那些在社會上成功的人都具備上述特質。

每個人都具備EQ能力

EQ常被當成特殊的能力，其實這種能力，每

＊IQ（Intelligence Quotient）　以智力測驗為基礎，測量學習能力和資訊處理能力所定出的數值。數值愈高，代表智商愈高；數值愈低，代表智商愈低。

個人身上都有。跟其他國家相比，日本自古以來就比較重視感情控制和體恤他人，所以在社會生活或日常生活中，可以很自然地學到這些能力，並在無形中發揮出來。

話雖如此，這點程度的能力很難活用在商場上，我們需要持續鍛鍊ＥＱ才行。方法就是在日常生活中多留意自己的ＥＱ。

不過，ＩＱ和ＥＱ兩者缺一不可，要在商場上成功，就不能偏廢任何一方。

EQ 的具體內容

任何人都有 EQ，平日多留意自己的 EQ，有提升 EQ 的功效。

EQ看重的是感情層面，例如人際關係或感情控制等等。原因在於人類的言行會受到當下的感情影響，因此要正確理解自己的感情，好好控管，才能做出適當的行為。況且這麼做，也能產生正面的情緒，提高自身的幹勁，對日後的行為也有幫助。

1 自我察覺

●有能力正確察覺自己當下的感情。

2 ②自我規範

●有能力控制自己的感情。

3 自我激勵

●凡事樂觀以對，懂得提高自己的幹勁去追求目標。

4 同理心

●理解對方感情，能夠感同身受的能力。

5 社交技能

●有能力跟別人溝通，進行社會性的交際。

＊EQ（Emotional Intelligence Quotient）　又稱為「情緒商數」，此一概念在一九九〇年提出，直到《EQ：決定一生幸福與成就的永恆力量》（丹尼爾．高曼著作，台灣由時報出版）一書出版，才廣為人知。

反覆推論得出答案

心理關鍵字 ■推論 ■認知心理學

商場無正解！

在商場上，我們必須隨時做出決策和判斷，如何推導出最適當的答案，便是關鍵所在。

商業行為跟數學不一樣，沒有正確答案。狀況不同，答案也會跟著改變，因此**配合狀況推導出最恰當的解答，是至關重要的事情**。那該怎麼做才好呢？說穿了，就是**進行推論**，我們要反覆進行推論，才有辦法找到符合狀況的最佳答案。

大家都在無形中進行推論

推論是指透過推理和斟酌，引導出某項論述的意思。近年來廣受矚目的**認知心理學***，認為**利用知識進行推論，就是思考行為**。其實每個人都在無形中進行推論，另外這裡所指的「知識」，不光是學術性知識，還包含從經驗和體驗中得到的知識。

換句話說，推論是指**動員所有的知識和經驗，在腦海中進行各種模擬推算，找出最恰當的解決問題法**。

思考約會行程也是同樣的道理，我們在安排行程的時候，除了參考雜誌或風評，還會參考以往的經驗來安排，再從各項安排中挑選最好的行程。這就叫推論了。

***認知心理學**　心理學的其中一個分支，專門研究知覺、記憶、思考等認知事物的過程，特徵是把人類視為一種資訊處理系統。

有能力的上班族很擅長推論，例如在思考銷售策略的時候，會參照過去的銷售額、市場動向、競爭對手的銷售狀況來進行推論，並且從中推導出最棒的策略。推論時的「知識」愈多，推論的角度就愈全面。

任何人都能鍛鍊推論的能力，平時努力吸收知識，養成推論各種事物的習慣吧。

如何培養推論能力？

要成為一個能幹的上班族，推論能力是不可或缺的。在培養這項能力前，我們有必要先來瞭解推論的程序。

階段1

●從累積的知識*當中，找出幾項有利於解決問題的資訊。

知識累積的量不夠多，推導出來的答案可能不夠客觀。平時請多吸收知識，除了閱讀書籍以外，聆聽上司、前輩、客戶談話，也有累積知識的作用。

階段2

●檢查自己篩選出來的知識*

仔細檢查自己篩選出來的各項知識，是不是真的能用來解決問題。

階段3

●選擇堪用的知識*

再來選擇有效的知識，選擇的理由必須明確。在推論的時候，這些理由會是合乎邏輯的根據。

階段4

●使用知識*進行模擬推演。

試著用選定的知識，在腦海中進行沙盤推演。商場上沒有絕對正確的答案，解決問題的方法不一而足，重點是要思考各種不同的模式。最後配合當下的狀況、商業策略等因素，選出最適當的答案。

※這裡指的「知識」還包含經驗。

冷靜應對複雜的問題

心理關鍵字 ■商業思考能力 ■邏輯思維 ■金字塔構造

遇到複雜的問題，容易產生不安

商業世界非常複雜，往往牽涉到社會狀況或企業問題。商業人士每天都有處理不完的課題，好比編排企劃或排解疑難等等，能夠輕鬆解決的只有一小部分，大部分的課題都是複雜難解的。有的課題甚至找不到解決的線索，真不知道該如何是好。

上班族的能力高低，取決於商業思考能力。而商業思考能力的有無，會對結果造成截然不同的影響。

一般來說，如果遇到難以釐清的龐雜問題，任誰都會感到不安。這時候商業思考能力就是有效的解決辦法，其中又以**邏輯思維**為最。使用這種思考方式，**才能冷靜處理問題，不會感情用事**。

構造化的思考方式

所謂的邏輯思維，是一種**理性考察事物的思考方式**。這是從商的基本思考方式，也是工作上的必備技能。特徵是**用構造化的方式來解析一件事情（不得不解決的問題）**，具體做法是拆解問題的要素，掌握問題的全貌後再來審慎檢討。這又稱為「**建構金字塔構造**」。

金字塔構造可以單純地表達事情，找出以往沒

有注意的癥結，或是發現新的解決方法。再者，金字塔構造用來整理自己的思緒也非常有效。

順帶一提，在拆解問題進行檢討的時候，最重要的是「**彼此獨立、互無遺漏**」＊。倘若要素有遺漏或重疊的現象，不僅分析起來沒有效率，也很難釐清問題之所在。如此一來，很可能推導不出適當的答案。

如何排出金字塔構造？

金字塔構造能用畫圖的方式呈現，遇到困難的問題，也能畫出簡單易懂的架構。學起這個招數，對商業活動和日常生活都有很大的幫助。

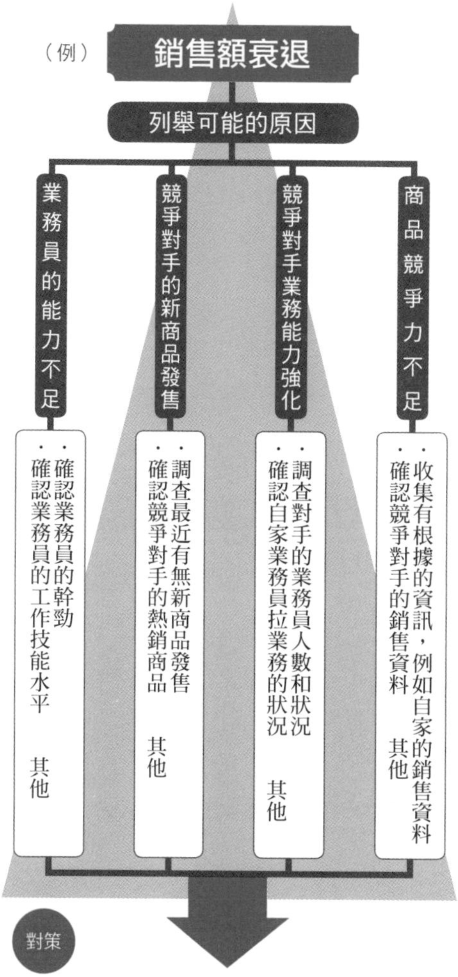

檢討各項要素，找出原因後，尋思適當的解決方案。

＊彼此獨立、互無遺漏　邏輯思維的手法之一，又稱為MECE（Mutually Exclusive and Collectively Exhaustive），常用於經營學或經營顧問的領域。

發揮客觀性來解決問題

心理關鍵字 ■推論 ■後設認知 ■批判性思考

推論可能會不自覺地產生偏頗

有時候，多方推論也得不到預期的解決方案，原因可能是「推論過程偏頗」的關係。

唯有反覆進行推論（詳見⬇第一二八頁）才能引導出解決問題的方略。而推論需要廣泛的知識，例如專業素養或經驗等等。**偏偏知識太豐富又會影響判斷，過往的經驗也可能束縛我們的思維**。再者，人的思考方式會受到經驗、好惡、立場等因素的影響，我們會優先收集符合自己期望的資訊，造成**知識基礎偏頗的狀況**發生。

這樣非但無法進行自由又全面的推論，連推論本身都不夠客觀。最麻煩的是，這些都是不自覺發生的行為，我們很難察覺。

從較高的角度客觀看待

那該如何修正推論的偏頗之處，引導出適當的解決辦法呢？

有一個方法叫**後設認知***，後設認知也有人翻譯為「超越認知」，意思是**從更高的客觀角度，去確認自己有意或無意的認知行為**。

後設認知可以幫助我們客觀審視自己的認知行為，掌握當下的狀況，迅速修正知識或推論的偏頗之處。經過反覆的推論和修正後，即可引導

***後設認知**　一九七〇年代心理學家布朗和弗拉維提出的學說。主要把解決問題的後設認知活動，分為預測、檢討、監控、判斷等幾個類別。

後設認知流程

後設認知是一種很高深的手法，我們不只是要認知與自己有關的事情，還要明確理解自己的知識和思考模式。現在，後設認知堪稱是「能幹上班族」的必備技能。

階段 1　預測

客觀審視自己當下的認知行為。

階段 2　檢討和監控

仔細檢討現在解決問題的方向是否正確，並且預測未來的發展。

階段 3　判斷

發現知識或推論偏頗，立刻進行修正。

有後設認知能力的人有何特徵？

〈預測〉

- 能預測自己的能力極限。
- 明確瞭解自己目前遇到什麼問題。
- 有能力預測問題的適當解決方法，並且安排具體的解決策略。然後，判斷那些方法和策略是否有效。

〈檢討和監控〉

- 瞭解自己的認知模式，能監控自己的推論有無偏頗。

〈判斷〉

- 會比照結果和行動目標，判斷是否該中止實行中的策略。

察覺推論有偏頗時，請反問自己以下幾個問題！

- □ 自己是否具備充足的知識來解決問題？
- □ 自己的思維有沒有被立場影響？
- □ 自己有沒有被權威人士或旁人的意見影響？
- □ 自己的判斷有沒有被感情影響？
- □ 自己有沒有被過去的經驗或知識影響？
- □ 自己的思維有沒有被既定觀念束縛？

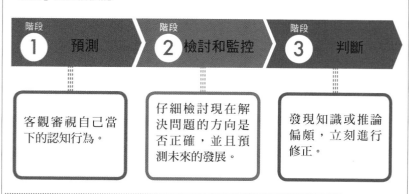

出適當的解決辦法。

以客觀的自我認知來監控（Monitor）自己的認知行為，一發現認知偏頗，立刻進行矯正的管理方式（Control），又稱為「**後設認知控管**」。

一般來說，能幹的上班族都有高度的後設認知能力。請時刻留意後設認知，多多累積後設認知的經驗，掌握這種高度的技術吧。

批判性思維

要修正偏頗的推論，找出適當的解決之道，還有一個有效的辦法叫**批判性思維**＊。

英文的 Critical 有批判之意，Critical thinking 就稱為**批判性思維**了。重點在於**不要盡信他人的意見或資訊，要用合乎邏輯的方式思考和判斷**。

具體方法是站在懷疑的立場來思考資訊，例如資訊來源是否可信？資訊是否真實不虛？有沒有其他的例外？

這麼做，能從各個面向看待問題，拓展推論的全面性。多進行自由靈活的推論，有時候會引導出意想不到的解決辦法。

實際嘗試的時候，要把自己客體化，進行後設

職場議題 Topics

批判不代表否定的意義

英文的Critical thinking被譯為批判性思維，但大部分的人都不瞭解批判真正的意思。

批判通常被當做否定的詞彙使用，大家對這個字眼多半抱持著反對、拒絕、否定、指責的印象。不過，批判本來是指客觀分析資訊或事物，評鑑人物、行為、作品的價值、能力、正當性等要素。順帶一提，否定這個字眼帶有不承認其價值的拒絕意味。

＊批判性思維 這個字眼不光是批判或否定的意思，也包括提出質疑，靠自己下達判斷的思考習慣。近年來，日本也開始考慮引進這樣的教育方式。

如何發揮批判性思維？

擁有批判性思維的人，有以下幾種特徵，請看看自己符合幾項吧。

□ 擁有多元的觀點，以及靈活的思考能力。

不會被既定觀念和常識束縛。

□ 知道每個人的知識和思維，都有偏頗或不足的地方。

明白知識、思維都有不足之處，所以會時刻確認自己的思考狀況。

□ 常保懷疑主義的態度。

常保懷疑主義會帶給自己不小的壓力，但有堅強的意志力來維持。

□ 能區分事實與意見的差異。

意見不一定會反應事實，要明確區分出差異才行。

□ 總是用合乎邏輯的方式推論。

思考方式合乎邏輯，不會受感情或氣氛影響。

□ 推論時會考量根據和事實。

懂得考量根據的正確性、可用性、真實性。

認知型的自我詰問。這乍看之下很簡單，其實需要各種高超的能力，例如要有合理的探究方式，以及用來推論的豐富知識，另外還要仔細觀察問題，從各個角度進行分析，外加適當執行這些程序的技術等等。所以請各位平時多多練習批判性思維吧。

準備一個以上的解決方案

心理關鍵字 ■複眼思考 ■單眼思考 ■推論

準備不一樣的解決方案

商場上沒有正確答案，**正所謂條條大路通羅馬，我們最好多準備幾項解決方案**。從多數方案中選擇解決對策，也比較不會判斷失誤。

不過，看不出差異的解決方案，準備再多也沒意義，重點是解決的方向或手法要有明確的差異。採用**複眼思考**能有效達到這個目標。

自由靈活的複眼思考

一般來說，人的思考模式有分**單眼思考**和**複眼思考**。**單眼思考是指從單一面向看待事情的思考方法**，構想單純一貫，特徵是容易被常識束縛，**刻板印象***就屬此類。

相對地，**複眼思考是從多面向來看待事情的思考方式**。比方說從不同的角度看香蕉，香蕉的形狀都不一樣。同理，從不同的觀點看事情，也會看到不一樣的層面（或狀況）。

由於複眼思考是從多元面向看待事情，**享有自由發揮構想的優勢**，因此可以進行靈活多變的推論（詳見➡第一二八頁），用來尋找適當的解決方案很有效。在考量各種可能性的過程中，很容易產生意想不到的構想。

然而，有些人自以為具備複眼思考，其實已在

***刻板印象**　也有人用「窠臼」來形容，顧名思義，這是指千篇一律的思維、態度、看法深植人心的狀態。

無形中淪為單眼思考。

例如，有的人習慣嫌棄別人的資訊落伍，他們深信自己擁有最尖端的資訊，也懶得再去思考其他可能性。**平時勤加確認自己有沒有變成單眼思考**，這一點很重要。如果發現自己陷入單眼思考，請多多發揮複眼思考，從不同的面向來看待事情吧。

練習複眼思考

複眼思考的重點，是不受既定觀念或常識束縛，從各種觀點自由推論思考，這種能力是可以透過訓練強化的。

批判性讀書法

●這是《知性復元思考法》的作者，教育社會學家苅谷剛彥推薦的訓練方法。
讀書時不要盡信作者的主張，要站在批判性的角度閱讀，讀到適當段落，寫上自己的評價。以質疑的態度讀書，會養成各種不同的看法，對訓練複眼思考和推論能力有幫助。

站在角色的立場思考

●看著電視劇，思考不同角色的立場，揣摩他們在不同場合有什麼樣的心境。試著思考同一橋段的不同角色，可以一窺人心的堂奧。

以同理心建立人脈

心理關鍵字 ■同理心 ■社交能力 ■成熟的依附關係

設身處地、感同身受

工作是無法獨力完成的，人際關係的好壞，對工作有很大的影響。建立良好的人際關係，對上班族來說是很重要的事情。

那麼，建立良好的人際關係需要什麼要素呢？說穿了就是同理心，那是一種**設身處地考量對方心情，或是揣摩對方感情的能力**；例如看到對方難過，自己也跟著難過，看到對方開心，自己也跟著開心。

除了上司、下屬、同事間的職場人際關係以外，商場上也同樣需要這種能力。比方在商談生意時，站在對方的立場思考，就會瞭解對方真正的需求了。

成熟的依附關係

一般來說，**極富同理心的人，社交能力也很優異，能建立起良好的人際關係**。良好的關係，並非單方面地依附對方，而是**互相彌補彼此的弱點和缺點，在有難的時候互助合作**。心理學稱之為**成熟的依附關係***。

社交能力高超的人，不管遇到任何對象或場合，都有辦法建立深厚的人際和信賴關係。這種關係一旦成立，不只工作處理起來事半功倍，遇

***成熟的依附關係**　不過度依賴對方，在必要時可以適度地互相利用、互相依賴的關係。屬於一種良好的人際關係。

到問題時也有強力的奧援可用。

萬一上司要你處理不擅長的工作，你也可以從自己建立的人脈中挑選專家幫忙，或是請他們幫忙介紹合適人選。

由此可知，極富同理心的人，社交能力也很高超，能夠獲得同伴的支持和幫助。得到的支持與幫助愈多，人脈和工作機會也愈多。對上班族來說，同理心是不可或缺的能力。

如何掌握同理心？

掌握同理心，不只對人際關係有益，推論（詳見➡第一二八頁）或後設認知（詳見➡第一三二頁）的能力也會更豐富。

基本　設身處地想像對方的感情。

（例）**上司的情況**

最近成績
不太理想啊
銷售額

階段1　觀察事實

確認下屬目前所處的情境，例如工作的成績等等。

階段2　體恤下屬的心情

根據階段一的狀況，站在對方的立場想像其當下的心情，思考對方有什麼樣的需求。

他需要安慰嗎
他需要稱讚嗎
他需要鼓舞嗎

階段3　按照對方的期望給予回應

根據階段二的推論，給予下屬鼓勵或工作上的支援。

我期待你的表現喔
謝謝您！

結果

下屬會覺得上司瞭解自己，對上司產生一種信賴感。

活用「專注」與「理解」，增強記憶力

心理關鍵字■記憶力 ■集中力

記憶力的關鍵在於資料的輸入方式

有些人記憶力不好，對自己的能力也沒什麼信心。據說**記憶力的好壞因人而異**，一般來說，二十多歲會達到巔峰，之後慢慢衰退。不過，**努力，能夠增強記憶，突破年齡的限制**。

心理學把記憶的機制分為三個階段，**一是銘記（資訊輸入）、二是保留**＊**（資訊儲存）、三是回憶（資訊輸出）**。關鍵在於資訊處理的第一步，亦即銘記的階段。第一階段不順利，很難留下深刻的記憶。

心理學的觀念認為，**銘記階段順利與否，端看**

「專注」與「理解」這兩大要素。所謂的「專注」，是指聚焦於某件事情的狀態，有辦法長時間保持專注的人，我們會說他**很有「集中力」**。換言之，集中力的好壞，對記憶的影響很大。

至於**「理解」**，**是指明白自己吸收的資訊**。例如，母語歌曲比外國歌曲更好記，主要是我們懂歌詞意思的關係。普通人對容易理解的事情比較感興趣，理解會帶動注意力上升，記憶力也會跟著變好。

要強化自己的記憶力，平時請保持高度的好奇心，試著去瞭解各種事物的原理。

＊保留　保持記憶而不遺忘，反覆加強印象是保持記憶最有效的方法。當我們學習一件新事物，就會忘記前一件事物（逆向抑制），反覆加強印象能有效解決此一問題。

利用位置記憶法強化記憶力

位置記憶法是記憶術中最古典、也最廣為人知的方法。也有人稱為「記憶宮殿」或「心智漫步」等等。

(例) **從住家到公司的路程**

階段1

一：決定幾個場所做為基準

1 自家玄關
2 最近的公車站牌
3 最近的車站
4 平時搭乘的電車
5 離公司最近的車站出口
6 前往公司途中的咖啡廳
7 公司的大門

階段2

記住上述場所的順序

反覆背誦，牢記於心。

階段3

將必須牢記的事物，代入階段一的各個場所

1 打電話給重要客戶（想像自己打電話給客戶的情景）
2 找上司商量（想像上司的臉龐）
3 製作要交給A客戶的資料（想像A客戶的臉龐）
4 製作要交給B客戶的資料（想像B客戶的臉龐）
5 製作開會要用的企劃書（想像PPT的畫面）
6 下午四點要開企劃會議（想像自己在會議上發表企劃的樣子）
7 下午六點要跟C客戶見面（想像C客戶的臉龐）

優點

●利用場所或位置幫助記憶，會刺激大腦邊緣系統中的海馬迴神經元，比較容易化為長期記憶保存下來。
●可依序記下大量的事物。

缺點

●一旦實際的場所或位置改變，就得設定新標的才行。例如咖啡廳關門，就得重新找一個地方代替了。
●除了銘記的對象以外，還得記下場所或位置，略嫌麻煩。

先從掌握自信做起

心理關鍵字 ■負面螺旋 ■自我肯定感

負面螺旋會破壞自信

有時候，我們會覺得好像做什麼都不順。例如這次工作不小心搞砸，就擔心自己下次也會搞砸，然後產生妄自菲薄的念頭。**這種惡性循環的狀態，又稱為負面螺旋**＊。

人一旦陷入負面螺旋，就會產生**消極的念頭**。換句話說，就是缺乏自我肯定感。所謂的自我肯定感（詳見⬇第一八頁），顧名思義，是一種肯定自我的感覺。

缺乏自我肯定感的人會失去自信，再也沒有勇氣挑戰新的事物。

提高自我肯定感的方法

一個人有沒有自我肯定感，端看小時候父母（或監護人）願不願意接受孩子最真實的樣貌。有句話叫「從小看大」，年幼時期形成的自我肯定感很難改變。

不過出社會工作後，大家把我們當成一個成熟獨立的個體，在職場也一樣。請各位慢慢提升自我肯定感，不要一直低著腦袋走路、夾著尾巴做人了。這裡就來介紹兩個提升自我肯定感的方法。

①誠心接受稱讚

自我肯定感不高的人，受到稱讚也會急於否

＊**負面螺旋**　英文的Spiral是螺旋、漩渦之意，後來被比喻為事物陷入泥沼的狀態。例如負面螺旋、通縮螺旋等等。

認。因此，**請先誠心接受稱讚，直接說一聲謝謝就好**。如果沒有人願意稱讚你，請稱讚自己來提升自我肯定感吧。例如，稱讚自己今天工作也很努力，很了不起。

②喜歡自己

自我肯定感低的人，可能執著於年少時的痛苦體驗，無法真心喜歡自己。請從現在開始喜歡自己，培養自我肯定感吧。

如何提升自我肯定感？

請提升自我肯定感，終止負面螺旋吧。

誠心接受稱讚

●被稱讚，不要急著自謙或否認，請誠心接受就好。

幹得不錯
沒這回事
幹得不錯
多謝稱讚

自己稱讚自己

●如果沒有人稱讚你，請你稱讚自己。重複不斷地稱讚自己，就會產生元氣了。

我今天也很努力呢，了不起。

喜歡自己

●不喜歡自己的人，可能難以忘懷小時候的痛苦體驗，請從現在開始喜歡自己吧。

沒用的傢伙
我是喜歡自己的！

相信自己辦得到

心理關鍵字 ■自我效能 ■自尊心

加拿大心理學家亞伯特·班杜拉列舉了「四大泉源」，這四大泉源是提升自我效能的必備要素。

①**達成體驗**（自發行動並達成目標的體驗）

②**替代體驗**（觀察其他人的達成體驗，覺得自己也辦得到）

③**語言說服**（旁人鼓勵自己能力優異）

④**生理與情緒高昂**（克服困境來提高自我效能）

其中最重要的是達成體驗，達成體驗豐富的人，在旁人眼中是鶴立雞群的存在，評價自然水漲船高。

相信自己的自我效能

處理一件工作的時候，對自己有沒有信心，會影響到處理工作的態度。缺乏信心的人，會陷入一種不知如何是好的情緒中，表現出依賴同事的態度；相對地，充滿信心的人，會表現出全力以赴的幹勁。

這種**預期（或稱確信）自己辦得到的感覺**，又**稱為自我效能***。

自我效能會促使我們積極展開行動，**提升自我效能對強化自尊心也有幫助；有了自信以後，更多的成功經驗自然手到擒來了**。

***自我效能**　加拿大心理學家亞伯特·班杜拉提倡的理論，自尊心是一種跟自我價值有關的感覺，自我效能則是相信自己有能力達成目標的感覺。

提高自我效能的四大泉源

提升自我效能，相信自己能獲得成功，對提升幹勁和工作成果都有幫助。

1 達成體驗

●自發行動並達成目標的體驗。

我去拜訪客戶了！
交給你了，好好做啊
部長，客戶願意跟我們簽約
做得好！
我成功了！

2 替代體驗

●觀察其他人的達成體驗，覺得自己也辦得到。

部長，我拿下合約了！
了不起
他都辦得到，我一定也行

3 語言說服

●旁人鼓勵自己能力優異

你一定沒問題的
是，我會好好加油

注意！光靠語言說服，難以維持自我效能，重點是自己要積極朝目標邁進。

4 生理與情緒高昂

●克服困境來提高自我效能，例如成功戒菸、在人前談話不再害羞等等。

我都成功戒菸了，沒道理工作做不好啊

注意！這是暫時性的高昂感，難以長期持續下去。

把危機化為轉機

心理關鍵字 ■道歉 ■失敗體驗 ■自我厭惡 ■思考中斷法

道歉的方式會影響到信賴關係

工作上難免會有一些粗心大意的失誤，例如指令出錯導致無法如期交貨，或是弄錯開會的時間等等。

這些雖屬**無心之過**，但對工作伙伴來說，是重大的問題。尤其在職場上接二連三發生粗心大意的失誤，對士氣會有很大的影響。商場中發生類似的問題，不僅會破壞個人的信用，連公司的信譽也將同受影響。

發生失誤或麻煩的時候，首要之務是趕緊道歉，但妥善道歉不是件容易的事情。失敗的道歉很可能火上加油，換言之，**道歉的方式好壞，會影響到個人與公司的信用**。

誠懇道歉不會惹人厭

最重要的關鍵在於，**要鼓起勇氣趕緊誠懇地道歉**，然後好好說明問題發生的原因。面對誠懇的道歉，蒙受損失的一方也會釋出善意才是。再者，搬出對方能夠接受的說明，也有安撫情緒的作用。

道歉時最不該做的，就是找藉口或推卸責任（詳見⬇第一一二頁）。對方會認為你是在替自己的過失合理化，感受不到你的誠意。還有，太

晚道歉也不是好事，會帶給對方不受重視的壞印象。

不貳過

有時候，**失敗的經驗會盤踞在我們心中，害我們產生討厭自己的情緒，進而失去積極行動的勇氣**。投鼠忌器可能導致再次失敗，陷入負面的螺旋之中（詳見⬇第一四二頁）。

不過，**反省自己失敗的經驗，汲取教訓後活用在下一次挑戰上，這樣我們的失敗才會有價值**。千萬不要讓失敗僅止於失敗，俗話說「失敗為成功之母」，這句話跟累積成功體驗（達成體驗）提升自我效能的理論相左（詳見⬇第一四四頁）。失敗後請回歸原點，找出自己失敗的原因，小心不要再犯同樣的過錯，這才稱得上「失敗為成功之母」。

實在擺脫不了失敗體驗的人，不妨試試**思考中斷法***。**在情緒快要消沉的時候，大喊一聲「夠了！」負面的情緒將一掃而空**。

職場議題 Topics

有原因才有結果

英國哲學家詹姆斯．亞倫的著作《「原因」與「結果」的法則》中提到，世上的一切事物必定有其「結果」，而結果必定出自某個「原因」。比方說，工作失敗一定有原因，而環境或命運（結果）是受到想法和人格（原因）左右的。想法或人格有問題，環境或命運也不會有好的下場。換句話說，改善原因，自然會改善結果。

***思考中斷法**　美國心理學家保羅．史托茲提倡的方法。他還提出了一套解決問題的辦法，叫做LEAD法（①LISTEN：傾聽、②EXPLORE：探究、③ANALYZE：分析、④DO：行動）。按照這四個步驟解決問題，可以迴避損害，或把損害壓抑在最低限度，這一招也被用來應付客訴。

精通談話技巧

心理關鍵字 ■社交技巧 ■語言溝通 ■回報性原理

什麼是有說服力的談話方式？

具備社交技巧（詳見⬇第一一八頁）才能建立良好的人際關係，而社交技巧講究「有效的溝通方式」。溝通有分**語言溝通（Verbal）和非語言溝通（Non-verbal）**，我們平時都是活用這兩種溝通方式，表達自己的意志、感情、資訊。

跟同事或上司談話，跟客戶商談，或是上台做簡報，都需要優秀的溝通能力。**商場上最重要的對話能力，應該就是說服力了**。相信每一個上班族都想掌握高等的話術，說服職場上的同事、上司、客戶吧。

談話時要顧及各種要素，才會有說服力，首先最要緊的是說話的速度。講話速度太快，會給人不夠沉著和缺乏說服力的印象。請各位**參考新聞主播的說話速度**，實際模仿起來可能有點慢，但這才是有說服力的說話速度。

再來，**講話要有自信**。結結巴巴會給人沒自信的印象，**開口前先在心中整理自己要表達的內容**，這樣講話才會有自信。賣弄一些囫圇吞棗的知識，馬上就會穿幫，請徹底吸收後，當成自己的意見說出來。

加入簡單易懂的比喻或個人經驗，還有幽默的內容，這些都是增加談話魅力的好方法。比方

說，在談話開始前，期許雙方有良性的互動；或是在談起某個主意時，說說自己是如何想到這個主意的，這樣可以加深對方的印象。

對話也需要「傾聽」

只說不聽，對話是無法成立的，**我們需要認真聆聽同事、上司、客戶想表達的事情**。一心想發揮自己的口才，很容易變成唱獨角戲的情形，造成適得其反的效果。客戶看到你沒有認真聆聽他們的要求，心裡也會覺得不安。要認真聆聽別人說話，別人才會認真聽你說話，這叫**回報性原理***，所以請先好好聽對方說話。

職場議題 Topics

美國總統的演說，值得學習

美國總統的演說常令我們拍案叫絕。即便對方說的是英文，我們也能看出那抑揚頓挫的技巧和器宇軒昂的神態。美國第十六任總統林肯，他在講到重點前，會先沉默一會兒，塑造堅定有力的形象。第三十二任總統羅斯福，他在演說前，會不斷推敲演練，以平易近人的言詞博得人氣。第四十四任總統歐巴馬，其簡短平易的說話技巧，也令人印象深刻，他的姿態與手勢也間接表現出他的熱情。

***回報性原理**　接受他人好處，就應該要有所回饋的心態。好意的回報性就屬此類，但接受的好處超出自己的身分，反而會成為一種負擔。

開會的用意是什麼？

心理關鍵字■會議引導術

開會是最重要的溝通手段

職場上每個月、每個禮拜，甚至每天都有會議要開。如果是有意義的會議，那當然是沒什麼關係，但有不少會議根本缺乏目的，你可能搞不清楚自己為何要參加。像這樣的情況，就稱不上有效率的會議了，這代表**公司和員工都不瞭解開會的目的**。

會議是面對面進行的，大家可以互相交流，在現場表達自己對議題的意見，同時也聆聽別人的看法。用電子郵件交流意見，不僅曠日費時，有時還會偏離討論主題。反過來說，**能用郵件解決的討論內容，就不應該特地開會來談**。

會議是促進工作圓滑的手段，也是用來調整工作方針，增進效率的行為。倘若開會影響到工作的效率，那可就本末倒置了。

另外，組織間的成員必須共享資訊。那該共享什麼資訊呢？**首先要明訂組織的目標（計畫）**，**有問題的話要詳細確認，再決定好解決的辦法**。換言之，請各位務必要明白，開會是組織最重要的溝通手段。

什麼是會議引導術？

有鑑於此，**會議引導術（Facilitation）**＊是相當

重要的技能。統領會議進行，營造一個容易發表意見又不會離題的環境，召集言之有物的參加者，還有調整開會日程，這些統統都屬於會議引導術的範疇。

提高會議的品質，形同拉高人力素質，對提升組織效率和利益也有幫助。

好的會議和不好的會議

開會要有好的效果，得遵守下列幾項最基本的規範。

不好的會議

- 開會目的不明確。
- 傳個備忘錄就能解決的事情，還特地開會。
- 找來無關議題的參加者。
- 有人竊竊私語，或是對發言者嘻笑怒罵。
- 有人遲到早退。
- 經常離題。
- 開會毫無重點，浪費時間。
- 會議由議長或上司（老闆）唱獨角戲。
- 只會闡述意見，做不出任何決定。

好的會議

- 要討論什麼內容，有事先做好準備。
- 所有參加者對開會目的都有共識。
- 有帶動會議的司儀，司儀也很清楚引導會議的方法。
- 會議氣氛融洽，大家得以暢所欲言。
- 參加者都很踴躍發言。
- 取得共識的項目最後還會進行確認。
- 大家都知道會議上決定好的事情，會運用在下一次的工作或會議上。

＊會議引導術（Facilitation）　Facilitation有「簡化」和「促進」之意，也泛指統合會議流向的角色，會幫助參加者取得共識和互相理解。負責這個角色的人，又稱引導者或促進者。

如何開一場高品質的會議？

心理關鍵字 ■團體迷思 ■從眾行為 ■從眾壓力

參加者要事先瞭解開會目的和議題

參加散漫的會議，是一件勞心傷神的事情，尤其參加那種浪費時間、又得不出任何結論的會議，你會覺得自己是在白費力氣。那麼，該如何開一場充實有意義的會議呢？

一般來說，**會議有分決策型、指示命令型、報告型、分析型、腦力激盪型**（詳見⬇第一五九頁）等等，**與會者在事前要先搞清楚，今天的會議究竟屬於哪一種類型**。這便是前面提到的會議引導術的第一步了。

例如，決策型的會議講究先集思廣益，最後再做出決策。因此，與會者要準備好意見，在會議上踴躍發言才行。

換句話說，所有參加人士要事先瞭解會議目的與議題，才有辦法做好開會的準備，抱著達成目標的心態參與會議。

要有鼓勵暢所欲言的氣氛

決策型或腦力激盪型的會議，屬於徵求參加者意見的開會方式，所以重點是從**正反兩面和各種角度自由提出意見，會議領袖要醞釀出這樣的氣氛**。

如果與會成員的交情深厚，很容易陷入**團體迷

＊**團體迷思**　英文寫做Groupthink，單字本身很久以前就有了，直到美國心理學家歐文．詹尼斯用這個字眼來表達團體心理的特徵，才首次被用於政治分析。

思*的問題中。

美國社會心理學家歐文·詹尼斯對團體迷思的定義是，凝聚力（向心力）高的內團體太重視意見的一致性，而忽略所有可行方案的實際評價。

換言之，**太重視意見的一致性，容易做出不合理的愚蠢決定**。這也是在提醒我們，思維相近、感情融洽的成員聚在一起開會，要避免陷入團體迷思。

何謂腦力激盪？

有一種刺激創意的方法，叫腦力激盪法。與會人士可以自由提出意見，大家用彼此的意見聯想出更多的靈感。

規則

- 在腦力激盪過程中，不要進行批判或裁決。
- 所有人自由提出意見，不要被常識束縛。
- 歡迎自由奔放的意見，哪怕是說出來會被笑的也沒關係。
- 量比質更重要。
- 修正或改善其他人的意見，孕育出新的靈感。

產生獨特、嶄新的意見

這個方案如何？
不可行吧

在這樣的情況下，會議的結論容易取決於領袖的個人好惡，致使公司和員工處於進退維谷的狀態。

迎合眾人

有時候在會議上，**我們會迎合大多數人贊成的意見**。即使意見本身有問題，我們也很難鼓起勇氣反駁眾人的看法。反正睜一隻眼，閉一隻眼，跟大家站在同一陣線比較妥當，這是很自然的心態。**不惜扭曲自身信念和意見，也要配合別人的行為，稱為從眾行為***。

只要有團體存在，任何場合都有可能發生從眾行為。好比有些難看的衣服，你不明白為什麼會流行，但大家都穿，你也會跟著穿，這就是一種從眾行為了。還有，在街上看到大排長龍的人潮，我們也會好奇地想要跟著排排看，這也屬於從眾行為。

容易從眾的性質，稱為從眾性，而容易採取從眾行為的人「從眾性比較高」。從眾性高的人以和為貴、配合度高，是團隊合作時的得力幫手。相對地，這種人缺乏領導力，無法提出嶄新的創意或下達決策。找他們商量問題，通常得不出解答，有種隔靴抓癢的感覺。

強迫大家配合的從眾壓力

從眾行為中，還有一種說法叫「**從眾壓力**」。這是指多數派不肯承認少數派存在，**暗地裡強迫他們配合多數派的意思**。

有時候我們提出反對意見，會被說不懂得看氣氛，這也屬於一種從眾壓力。過去第二次世界大戰爆發時，反戰份子受到嘲弄，也是典型的從眾壓力。

***從眾行為**　這是指容易被多數派影響的特質，不太受歡迎。相對地，當雙方建立起信賴關係，彼此的動作和表情會愈來愈像，這又稱為姿勢同步。

從眾行為和從眾壓力，都是團體內部常見的現象。不過，**我們要瞭解開會的目的，勇於反抗從眾壓力，表達意見**，才能開一場充實的會議。要在會議上當一個毫無存在感的人，還是徹底發揮存在感，讓會議變得更有意義，這取決於你自己。

哪兩條線一樣長？

美國社會心理學家所羅門．艾許，曾經做過一個與從眾性有關的實驗。

《實驗方法》

❶找來七個實驗對象（其中六個人是心理學家安插的暗樁，只有最後一個人是真正的實驗對象），讓他們看一張紙上的線條（A），並記住線條長度。

A

❷接著拿別張紙來，上面有三條線（B），請所有人選擇哪一條跟剛才的線一樣長。

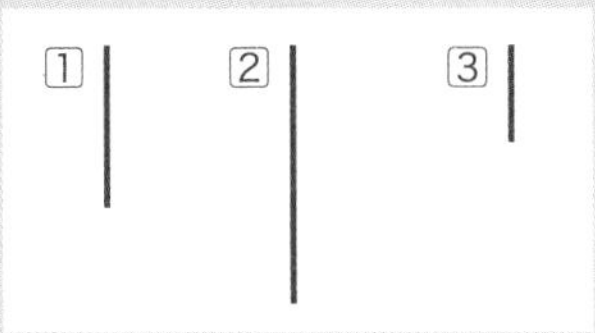
1
2
3

B

❸正確答案是第二條，但六名暗樁都選擇第一條。結果最後一個真正的實驗對象，也跟著選擇第一條。

正確答案是一吧
我也覺得是一
應該是二才對吧……

結果

實驗對象受團體影響，選擇從眾。

慎選會議室，讓會議更活潑

心理關鍵字 ■環境心理學 ■色彩心理學

房間的氣氛不同，結論也會不一樣？

有一門學問叫**環境心理學**，專門研究人類與環境之間的相互作用。在召開會議的時候，會議室的狀況有可能影響到開會的狀況。

假設同樣的十個人一起開會，在寬敞的房間開跟在狹窄的房間開，氣氛就是不一樣。**氣氛不同，結論就有可能改變**。

曾經有人做過實驗，研究房間的大小對人心有何影響。實驗方法是召開一場模擬審判，只有女性組成的陪審團在小房間裡審議，做出來的判決比在大房間裡的要輕；反之，只有男性組成的陪審團在小房間裡審議，做出來的判決比在大房間裡的要重。

從這個實驗我們發現，男性在小房間裡議論時，會產生攻擊性的傾向；女性則是會變得更加親密。由此可見，**想召開一場活潑的議論，讓與會者說出真心話，不妨挑選狹窄一點的會議室；若只想開一場形式上的會議，則挑選寬敞的會議室比較好**。

利用紅色的興奮效果促進議論

色彩心理學＊也能應用在會議上。事實上，色彩有影響人類觀感的效果。例如，我們看到紅色

＊**色彩心理學**　研究人類對色彩的觀感，會對行為（反應）造成什麼影響。歌德、空海大師、榮格、佛洛伊德、阿德勒都有研究過人類對色彩的心理。

會覺得溫暖，看到藍色會覺得冰冷。兩件同樣大小的東西，白色的看起來較大較輕，黑色的看起來較小較重。

有些企業會利用這樣的視覺效果（色彩心理學），替會議室做不同的色彩安排。紅色是令人興奮的顏色，據說**在會議室裡安插一些紅色或紅花，人們的發言會更踴躍**。順帶一提，在作業現場安插沉靜的藍色，有提升效率的作用。日本企業的桌椅多半是灰色的，這有壓抑個人特性的效果，算是一種很日式的選擇。

會議室的氣氛也很重要

有的公司會議室的設備相當齊全，有的公司會議室還兼休息室。那麼，會議室的氣氛對公司有什麼影響呢？

開放式的空間

與會者的距離很近，可以放鬆心情談話。然而，因為沒有隔間的關係，談話內容會被其他員工聽到，或是有其他人跑來打岔。

嚴肅的空間

一進房間就會有緊張感，寬敞的桌面足以擺放資料和樣本，能夠靜下來好好談話。

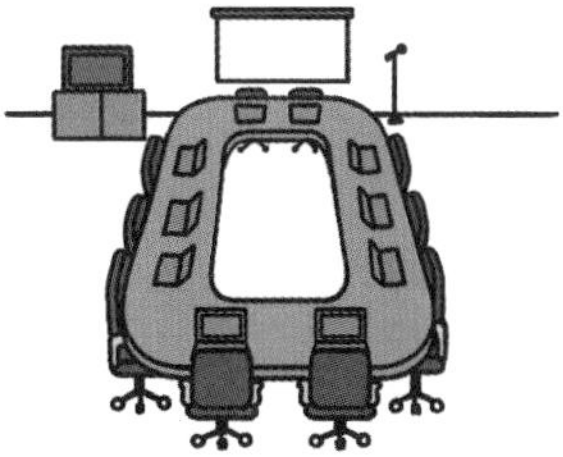

接待型的空間

屬於輕鬆坐著談話的地方，比較適合用來培養交情，而不是用來開會議論。

從座位瞭解參加者的關係

心理關鍵字 ■人際距離 ■斯坦佐效應

對會議消極的人，習慣坐在入口附近

一些不經意的動作，往往會透露出一個人的心理狀態。在心理學中有一種說法是，**人與人之間的物理距離和心理距離是呈正比的**，這又稱為**人際距離**＊（詳見➡第一〇八頁的博薩德法則）。

例如，**開會習慣坐在入口附近的人，有討厭開會或忐忑不安的傾向**。他們心中懷抱著各種不安，好比擔心自己在會議上言不及義、無法跟其他人建立良好的關係等等；以致於他們要坐在入口附近，這樣苗頭不對隨時可以跑出去。實際上他們不見得真的會跑出去，但坐在入口附近會比較有安心感。

領袖坐哪裡？

那麼，會議上的領袖又坐在哪裡呢？**領袖通常坐在可以綜觀全局的地方**，如果會議桌是方形的，領袖的位置就在左圖的A、C、E。A跟E的意義幾乎是相同的，坐在離入口愈遠的位置，代表領導力愈強。另外，想發揮領導力的人喜歡A跟E，喜歡C的人則是重視人際關係的領袖。

會議要順利進行，領袖最好坐在A跟E的位置，輔佐領袖的人坐在C的位置。若是講究自由風氣的腦力**激盪型會議**＊，則領袖適合坐在C的

＊**人際距離**　人與人之間對彼此距離的意識，我們會接近喜歡或感興趣的對象，同時疏遠討厭或不感興趣的對象。

位置。

圓桌會給人暢所欲言的感覺

另一方面，**圓桌的位置較難分辨地位高低，有不易發揮領導力的特徵**。參加者會產生一種公平感，**想要大家踴躍提議的時候，使用圓桌比方桌更加合適**。大家多少會對使用圓桌的領袖抱有好感，覺得領袖有聆聽意見的雅量。

圓桌與方桌的差異

依照不同的會議種類與意圖，交換使用圓桌和方桌也是個方法。

方桌

不同位置，有地位高低之分，適合發揮領導力。

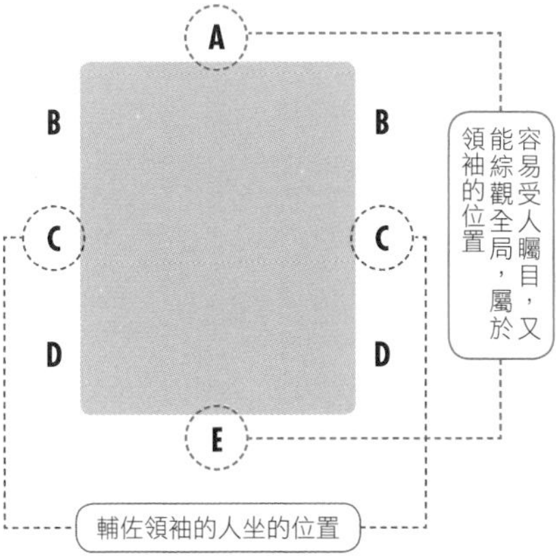

圓桌

適合所有人提出意見時使用，由於不易發揮領導力，參加者會感受到公平感。

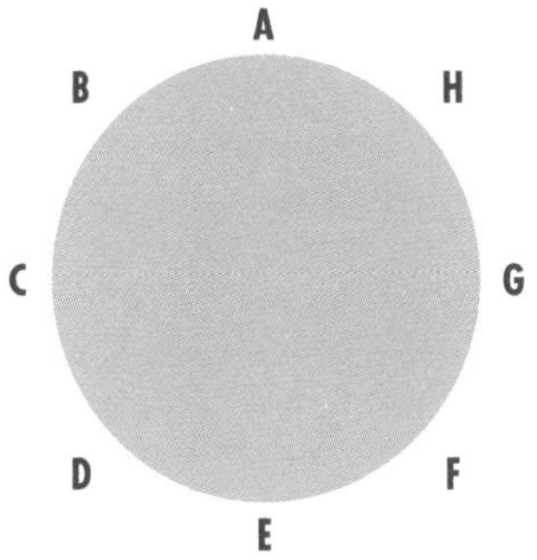

＊**腦力激盪型會議（Brainstorming）**　一種開會的方式，又稱為團體研討或集思廣益。一群人互相提供點子，有可能觸發更棒的想法，但不是用來做決策或下定論的。

圓桌的大小也很重要，假設八個人坐一張直徑三公尺的大圓桌好了，每個成員間還隔了一段距離。反之，八個人坐一張直徑一點五公尺的小圓桌，每個成員的距離就很近了。從個人空間（詳見⬇第三一頁）的觀點來看，選擇小圓桌更有親密感，大家也好暢所欲言。

如果會議型式跟簡報類似，都是**一個人從頭到尾講給其他人聽，那麼選用U字形或V字形的座位安排，讓眾人的視線集中在說話者身上，整場會議的效果會更好**。單純公布企業方針或指示的會議，也適用這種方法。

斯坦佐效應

美國心理學家斯坦佐研究過小團體的生態，他發現人們在會議上挑選座位的方法，有以下幾種原則。

其一，曾經起過爭執的兩個人，在會議上習慣坐在對方正面；其二，某個發言結束後，下一個發言通常是反對意見；其三，主導會議的人領導力較弱，則對面的參加者會竊竊私語，反之則是旁邊的參加者會竊竊私語（斯坦佐效應*）。

心理學家羅伯特·索默爾認為，在空間裡的位置關係與團體內的地位有關，被視為領袖的人自然會坐上位，其他參加者的位置多半是相同的，這一點已經透過實驗確認了。

請各位綜合以上幾點，依照會議的意圖與內容，來安排領袖和其他參加者的座位吧。意見相同的人坐在方便合作的位置（鄰座），不願交談的人則安排在較遠的位置，總之，因應彼此的關係來挑座位也是個好方法。

＊斯坦佐效應　也稱為斯坦佐三原則，倘若會議室還有其他的空位，某個人偏偏要坐在你對面，那麼他有可能反駁你的意見。

從方桌的位置關係看透人際關係

心理學家羅伯特．索默爾，曾經設定四種情境來測試大學生的反應，這四種情境分別是「對談」、「合作」、「競爭」、「拒絕對談」。方法是先讓一位學生坐下，之後再看另一位學生如何挑選座位。結果發現，彼此的關係不同，選擇的位置也不一樣。

（數字為%）

座位安排	作業條件			
	對談	合作	競爭	拒絕對談
A 	42	19	7	3
B 	46	25	42	3
C 	1	5	20	42
	0	0	5	32
D 	11	51	8	7
	0	0	18	13
總計	100	100	100	100

A 放鬆交談時的座位關係

B 有競爭意識時的座位關係

C 拒絕談話時的座位關係

D 互相合作商量時的座位關係

簡報是表現自我的機會

心理關鍵字 ■三P ■第一印象 ■吸引力、視覺效果

簡報是獲得認同的大好機會

在商場上總有進行**簡報***的機會。所謂的簡報，是提供資訊給會議或演講會上的聽眾，獲得他們理解和認同的行為。

而這也是在商場上說服客戶和上司的重要手段，**對上班族來說，在簡報會場上大展身手，是自我推銷的方式，也是獲得認同的絕佳良機**。況且，簡報內容通過的話，工作也能按照自己的想法進行。

報告者（或稱企劃提案者）得當面對聽眾做簡報，因此要事先準備好資料，進行簡單扼要的說明。不過，在生疏緊張的情況下，可能難以發揮實力，無法清楚表達企劃的用意，一不小心，個人評價反而會下降。

現在我們就來思考一下，如何做出成功的簡報，獲得周圍的好評吧。

利用第一印象吸引聽眾

簡報有三個必備要素，分別是人品（Personality）、內容（Program）、表達方式（Presentation skill），合稱三P。

首先是人品，我們在探討第一印象的章節時也有提到（詳見⬇第一〇二頁）。在同一個單位或

***簡報**　英文的Presentation有「表現」和「提示」的意思。簡報的用意，是要同時傳達創意、計畫、資訊給一個以上的對象。

小規模的公司進行簡報，底下聽眾多半是自己熟識的對象，至於在大企業進行簡報，有可能會在平時無緣一見的高層面前報告。

如果是去對客戶做簡報，那聽眾應該都是第一次見面的對象。這時候，**你帶給聽眾的第一印象非常重要**，你要帶給聽眾好感，勾起他們聆聽的意願才行。

另一方面，每個聽眾內心都有不一樣的想法。

簡報的三P

簡報是一個推銷自我、提升評價的絕佳機會。請掌握簡報的基本要素，做出一場成功的簡報吧。

1 人品（Personality）

第一印象很重要，一開始讓大家產生好感，大家才會願意聽你講話。

2 內容（Program）

簡單扼要地表達自己的主張，準備的內容要能獲得認同。

3 表達方式（Presentation skill）

盡量發揮一些巧思，例如用PPT製作簡單資料給聽眾，或是活用白板等等。

有人可能對你的簡報主旨感興趣，有人則興趣缺缺，甚至一開始就抱持否定的態度，認為你的簡報會議毫無必要。可能還有人工作忙不完，只希望簡報快點結束。

當然，或許也有人期待你的簡報，希望聽到對公司有幫助的內容。換句話說，聽眾也是有各自的心思盤算，關鍵在於你能否一開始就展現「吸引力」*，喚起他們聆聽的意願（詳見⬇第一六七頁）。

在時限內進行有效的說明

簡報的第二大要素是內容，**重點是簡單扼要地表達主張，並且獲得對方的認同**。表現手法主要有以下兩種。

① SDS法

SDS法是按照**整體歸納（Summary）**、**詳細說明（Details）**、**整體歸納（Summary）**的順序，來安排報告內容。首先大略告訴聽眾你要表達什麼，接下來詳細說明主要論述，最後總結時，再說明一次自己到底想表達什麼。

② PREP法

PREP法的第一步是闡明**要點**（Point，你要表達的結論），第二步解釋**理由**（Reason），然後舉出**具體事例**（Example），最後再一次總結**要點**（Point）。

這兩大手法都有一個關鍵，就是**以準備的資料（要分發的資料）來做為簡報概要**。做好的資料必須在時限內報告完，因此在正式簡報前，請練習看看是否有超時問題。

有些簡報者可能會一時興起，談論一大堆跟概要無關的內容。然而，底下聽眾都是第一次接觸資料，不按照資料報告的話，聽眾會弄不清楚簡

＊**吸引力**　意指吸引對方的注意力，或是吸引人心的魅力。在演講或說明會上，如果一開場的談話內容就能引起聽眾的興趣，這就是「順利吸引到聽眾」了。

報者到底在講哪一頁的內容。

要避免這樣的狀況發生，也可以不分發資料給聽眾。**聽眾手上沒有資料，就會專心聆聽簡報者的談話了**，等簡報結束再發資料給他們就好。

使用視覺工具

最後是表達方法，現在使用視覺工具做簡報已經是常識了。視覺工具能夠喚起視覺上的關注，

簡報內容的安排方式

以下介紹幾個表現手法，讓大家知道如何簡單扼要地表達內容，獲得聽眾認同。

〈SDS法〉

1 整體歸納（Summary）

首先大略告訴聽眾你要表達什麼。

2 詳細說明（Details）

接下來詳細說明主要論述。

3 整體歸納（Summary）

最後總結時，再說明一次自己到底想表達什麼。

〈PREP法〉

1 要點（Point）

先說要表達的結論。

2 理由（Reason）

❶說明有此結論的理由。

3 具體事例（Example）

列舉實例讓聽眾認同。

4 要點（Point）

最後再總結一次要點。

重點

這兩大手法都有一個關鍵，就是以準備的資料（要分發的資料）來做為簡報概要。做好的資料必須在時限內報告完，因此在正式簡報前，請練習看看是否有超時問題。

堪稱是不可或缺的手段。已經有人證實，**使用視覺工具可以加深聽眾的理解力，引起他們的興趣和注意，並在短時間內傳達更多的資訊**。還有研究結果顯示，使用視覺工具會在聽眾心中留下較深刻的印象。

最普遍的視覺工具是微軟公司出品的簡報軟體PowerPoint。

請不要說你不擅長使用這套軟體，萬一是好幾家企業互相競標*的場合怎麼辦？其他企業都用視覺工具說服客戶，唯獨你沒有的話，其他企業的印象分數一定比你高，你的提案內容再優秀、再獨特都沒用。更何況，沒有使用視覺工具的企業，會被貼上落伍的負面標籤。

善用視覺工具，掌握更有視覺效果的編輯和設計能力，這也是簡報的必備要素。

同行者也很重要

簡報有分單獨簡報和團隊簡報，尤其大企業內部的簡報和競標時的簡報，都屬於大規模的簡報活動，一定都是整個團隊共同商討內容的。參加競標簡報的時候，通常是其中一個人代表發言，其他團隊成員也列席參加。

同行的人可不是去插花的，大家**要事先決定報告者、協助者、記錄者的職掌**。報告者由最熟悉提案的人擔任，他可以拜託協助者，在遇到聽眾提問的時候幫忙應付。協助者由企劃團隊的上司擔任，會更容易獲得信賴。

另外，安排一個人負責「吸引」聽眾的注意力也不錯。

每間公司都有能言善道的人，不妨請他們說幾

＊競標　英文的Competition有競爭和競技的意思。在商場上則是指招標的時候，找來好幾家業者提供方案和預算，並從中挑選業者的流程。

句漂亮的開場白，等抓住聽眾的心以後再切入主題，這也是一種方法。

負責記錄的人除了記錄議程，還要觀察聽眾的反應。在簡報者報告的過程中，可以從聽眾的表情和態度，看出他們最感興趣或最有疑問的部分。請掌握這些要點記錄下來。

同行者的職掌分配

如果是團隊簡報，報告者以外的成員也很重要。請瞭解不同職掌的工作，好好完成自己的責任吧。

我是說明本企劃的○○。

報告者

由最熟悉提案的人擔任。

吸引者

今天很感謝大家撥冗前來，那麼……

喔、聽眾對這部分感興趣

這裡由我來為大家說明

由能言善道的人擔任，在開場白時抓住聽眾的心。

記錄者

要觀察聽眾的反應，記下聽眾最感興趣或最疑惑的部分。

協助者

客戶（聽眾）與報告者的仲介角色，由企劃團隊的上司擔任，更容易獲得信賴。

他們的團隊默契很好，簡報也很棒呢

如何獲得信賴？

心理關鍵字 ■社會權力 ■專家權 ■參照權 ■訊息權

彰顯自己是專家

跟其他公司開會議論，或是在進行簡報的時候，各位要有**自己在代表公司**的自覺。例如在推銷商品或企劃案時，業務員若無法獲得客戶的信賴，那麼商品或企劃案再優秀，也沒有機會簽下合約。

那麼，該怎麼做才能獲得客戶信賴呢？

在社會心理學中有一種說法叫**社會權力**＊（或稱社會影響力），意思是**影響對方態度或行動的力量**。

社會權力主要分為六大類，分別是①獎賞權；②強制權；③法職權；④專家權；⑤參照權；⑥訊息權。換言之，只要掌握這六大類的其中一種資源，對其他人就有影響力了。再來，要獲得客戶的信賴，利用**專家權**是最有效果的。也就是**讓客戶知道，你是擁有專業知識的專家**。

不過，只用專家權當賣點，對方可能會覺得你恃才傲物、光說不練。所以，在表達自己的專業或自信時，添加一點適度的謙虛，會讓你的專家權更有說服力。至於訊息權的重要性應該不必贅言了，但你的訊息要是對客戶沒價值，交易機會就告吹了。

＊**社會權力**　人物或組織影響其他人行動的潛在能力，依照年齡、性別、領域不同，使用的權勢種類也不一樣。

何謂社會權力？

能夠發揮影響力的潛在能力（社會權力），主要有六大類別。想要有效發揮領導力，最好善用這六大權力。

1 獎賞權

當我們發現別人有能力提供獎賞，就會受到影響。

這個人會給我
極高的評價

2 強制權

當我們發現別人有能力下達懲處，就會受到影響。

這次失敗，
大概會
被降職

3 法職權

當我們發現在社會或文化規範中，對方有影響我們的正當權力，我們就會覺得自己應該遵從。

上司要我負責
這次企劃
要聽他的指示
才行啊

4 專家權

當我們發現別人在某個領域的知識或技能比較好，就會受到影響。

他的語言
能力令人
讚歎啊

5 參照權

當我們認同某個人，想模仿對方的行動或思維時，就會受到影響。

他好帥，
我也想跟他一樣

6 訊息權

當我們發現獲得的資訊很重要時，就會受到影響。

原來如此，
這份訊息確實很有用

商場上必備的說服技巧①

心理關鍵字 ■說服性溝通 ■片面提示 ■兩面提示 ■迴力鏢效應

片面提示和兩面提示

上一篇我們提到了社會權力，社會權力的基礎是信賴關係，有信賴關係，人家才會覺得你講的話有說服力。

在商場上要讓對方認同你的觀點，說服是非常重要的。**說服對方的一連串過程和作用，稱為說服性溝通**。

最具代表性的說服性溝通，有**片面提示和兩面提示**。任何事情都有優缺點，例如自家公司的產品性能比其他公司高出許多（優點），相對地，價格自然也比較高（缺點）。

販賣這種商品有兩大說服技巧可用，一是**只提優點的片面提示，以及明確指出優缺點的兩面提示**。

使用片面提示，有輕易說服對方的效果，但事後也有被客訴的風險。另外，也有可能產生**迴力鏢效應***，對方會以意想不到的方式改變意見。

舉例來說，在推銷並不以價格為訴求的特殊商品時，也許使用片面提示就夠了；但在推銷其他家電產品時，還是用兩面提示，明確指出優缺點比較好。**老實地告知優缺點，才會給予對方信賴感**。

＊**迴力鏢效應**　拚命說服對方，卻產生反效果的心理狀態。對方抗拒說服，也許是想保護自己的自由。

片面提示和兩面提示的使用方法

要確切表達優點和缺點，並不容易，稍有不慎，很可能缺點會被過度放大。請判斷當下的狀況，使用有效的説服方法吧。

（例）**推銷高性能電視機的時候**

片面提示

只說優點

這台電視畫面很大，
而且看得到所有頻道，
還有同步錄影的功能，
隨時都可以看到喜歡的節目
真厲害
¥000000

當對方贊成我們的主張，使用這一招很有效

咦？
不過
還是算了
¥000000

然而，要注意迴力鏢效應（太刻意的說服方式會引起反感，造成反效果）

兩面提示

明確告知優缺點

這台電視畫面很大，
而且看得到所有頻道，
還有同步錄影的功能。
只是功能好的機種，
價格自然也比其他品牌貴上一倍
這樣啊
¥000000

當對方不贊成我們的主張，使用這一招很有效

雖然價格比較高，
但觀賞效果跟電影院一樣
有魄力。與其去電影院人擠人，
不如買一台更划算喔
有道理，那就
這一台吧！
¥000000

先講完缺點，再講一些抵銷缺點的論述，更有效果

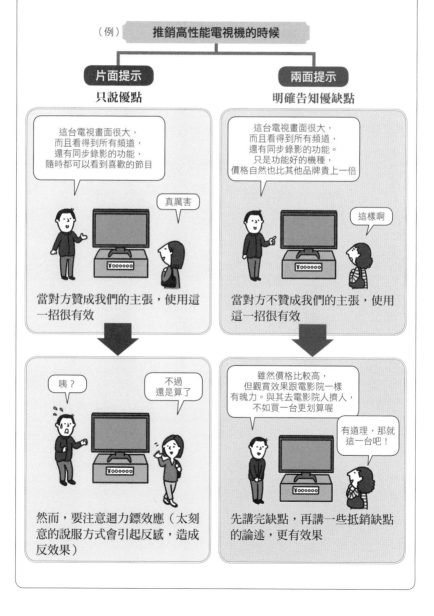

附加好處

跟客戶交涉時，**附加價值戰略**是一種有效的手段。也就是不等對方主動提出，先自行降低我方的要求，並且附加各種好處。這稱為**還有更多策略**（That is not all）或**好處附加法**，也是電視購物頻道常用的手段，以附帶各種好處的方式吸引買氣。**人性本來就貪小便宜**，這一招巧妙地利用了人心的弱點。

不過，使用這一招，稍有不慎，也會招致反感，況且日後交易也必須提供附加好處，請務必謹慎使用。

提供特別待遇取悅對方

當我們受到特別待遇，就會對盛情相待的對象抱持信任與好感。難以到手策略（Hard to get）便是利用此一心理的技巧，好比刻意拿出估價單給客戶看，告訴客戶我們努力提供了特惠方案。對方覺得自己受到特殊待遇，心情就會很好。

另外，在公司的會議上拜託上司幫忙，也可以說這個忙只有上司才幫得起。上司聽你說好話，或許會願意幫你跟高層商量。這會產生**好意的回報性**（詳見⬇第一〇七頁），人都會喜歡對自己感興趣或抱有好感的對象。

利用心理抗拒

人類有追求自立性的本質，一旦行動受到約束就會強烈抵抗，試圖奪回自由。這樣的心態稱為**心理抗拒***，迴力鏢效應（詳見⬇第一七〇頁）也可能是出自心理抗拒。

***心理抗拒**　心理學家傑克・布瑞姆提倡的理論，處於反抗期的孩子，這種傾向特別強烈。原文中的Reactance本是物理用語，指抵抗之意。

換句話說，對於那些討厭被說服的人，要刻意冷淡相待。例如你要交辦一件工作給性格高傲的下屬，這時你可以說那件工作本來想交給他，但他似乎忙不過來，想想還是算了。性格高傲的人受到刺激，也許會主動請纓。

然而，心理抗拒的程度因人而異，使用前要先看清對方的性格和狀況。

其他的說服技巧

巧妙利用對方的心理，成功說服對方吧。依照不同的性格和狀況，要使用不同的方法。

還有更多策略

附帶一些好處和附加價值取悅對方。

在月底前簽約打七折，還附贈這項商品喔
是喔

難以到手策略

提供特別待遇取悅對方。

這個企劃的價值只有部長才瞭解啊
我跟高層商量看看吧

利用心理抗拒

利用人們想維護自己行動自由的反抗心態。

這個企劃本想交給妳，看你這麼忙應該是辦不來了
不，我可以的，請交給我來做

商場上必備的說服技巧②

心理關鍵字 ■得寸進尺策略 ■以退為進策略 ■低飛球策略

階段性說服，得寸進尺策略

在說服別人的過程中，講究**拜託**和**請求**的技巧，而這也是生意成敗的關鍵。最具代表性的古典請求技巧，就是**得寸進尺策略**（Foot-in-the-door technique）。日文又叫**階段性說服**，或**階段性請求法**。

首先提出一個對方會輕易接受的要求，等對方接受以後再提出真正的要求（亦即直接開口可能會被拒絕的要求）。這時對方會擔心，只接受簡單的要求而不接受困難的要求，會被當成一個不親切的人。得寸進尺策略利用的正是這樣的心態，人類有維持一貫態度的需求（又稱**態度的一貫性需求**、**一貫性原理***）。況且在人際關係中，態度反覆的人容易惹人厭。

在商場上，請利用這樣的心態，提出工作上的要求或請託吧。一開始提出小要求的時候，千萬不要說你找不到其他人幫忙才來拜託的，否則肯定出師不利。對方會認為既然別人都拒絕了，自己也有拒絕的權利。如此一來，也就沒有機會提出真正的要求，白白錯失了大好的良機。

讓步要求法，以退為進策略

還有一個完全相反的方法，就是**先提出絕對**

***一貫性原理**　人們都希望自己的言行、態度、信念保持一貫性，得寸進尺策略和低飛球策略利用的，正是這種心態。

會被拒絕的困難要求，等對方一如預期地拒絕以後，再提出比較好接受的真正要求。這叫**以退為進策略**（Door-in-the-face technique），日文又叫**讓步要求法**。

從對方的角度來看，你都已經做出讓步了，他也願意讓步聆聽你的要求，這是利用人們禮尚往來的心態（**讓步的回報性**）。換言之，這講究的是「互相」的精神。再者，對方拒絕你在先，也過意不去（罪惡感），為了彌補你，可能會答應較小的要求。這些心理狀態，都是日本人能夠感同身受的自然發展。

有點狡猾的低飛球策略

還有一個很有名的說服技巧，叫**低飛球策略***（Low-ball-technique），或稱**事後變卦法**。方法

職場議題 Topics

利用風險溝通，建立信賴關係

所謂的風險溝通，是指政府、專家、企業、人民之間共享與社會風險有關的正確資訊，並且互相交流的意思。比方說，化學物質或核能發電的安全性沒有保障的話，我們也沒辦法安心過日子。不過，人生不可能永遠沒風險，因此所有相關人士要瞭解風險所在，認真嚴謹地面對風險，互相商量對策才行。

尤其與災害有關的風險溝通過程中，大家都以為自己的生活和家鄉不會受到威脅（不實際的樂觀主義），畢竟自然災害會不會發生也沒人知道。或者，政府和企業擔心正確的資訊一旦外流，會引發群眾的恐慌，所以會故意控管資訊。

然而，在日常對話中進行風險溝通，有助於建立信賴關係，事先防範問題發生。

是**先提出一個很有魅力的條件，等對方同意後再更改條件**。

根據前面提到的一貫性原理，只要條件變更在容許範圍內，人不會輕易改變自己答應過的事情。另外，答應的一方會產生義務感，比較不好意思拒絕對方。

這個方法稍嫌狡猾，使用時，不能讓對方看出你是故意降低條件。最好補上誠懇的道歉，請對方仔細考慮看看新條件；對方基於一貫性原理，極有可能勉為其難地接受條件。如果前後條件差異太大的話，對方會有被騙的感覺，請特別留意。

職場議題 Topics

利用午餐技巧談成生意

兩個剛認識的人一起吃飯，可以迅速建立親密的關係。換句話說，吃飯是加深彼此溝通的有效方法。透過飯局提升好感度的手法，稱為午餐技巧。

雙方共享美味的食物和愉快的時光，心態會變得積極正面，又能放鬆心情聽對方談話，會產生避免對立的心理作用。

這麼好的方法，在商場上沒道理棄而不用，設宴款待客戶就是出於這樣的理由。現場的氣氛愈是活潑歡快，「愉快體驗」就愈強烈。對方會對提供愉快體驗的人抱有好感，增加合作的機會。

＊低飛球策略　互相傳接球時，先丟出比較好接的球，再循序漸進投出難度較高的球，這樣難接的球也同樣接得起來。低飛球策略便是由此得名。

順利提出拜託和請求的方法

在說服別人的過程中，講究拜託和請求的技巧，而這也是生意成敗的關鍵。接下來就介紹三個最具代表性的話術。

		具體事例
名稱	得寸進尺策略 階段性說服、階段性要求	
內容	先提出一個對方會輕易接受的要求，等對方接受以後再提出真正的要求（亦即直接開口可能會被拒絕的要求）。	
名稱	以退為進策略 讓步請求法	
內容	先提出絕對會被拒絕的困難要求，等對方一如預期地拒絕以後，再提出比較好接受的真正要求。	
名稱	低飛球策略 事後變卦法	
內容	先提出一個很有魅力的條件，等對方同意後再更改條件。	

「利用非語言溝通增進對話技巧」

態度和動作，比語言更能表達各式各樣的情緒。觀察對方談話中的動作、表情、行為，看穿對方真正的心思，對溝通也有幫助。

非語言溝通的重要性

溝通有分使用語言的方式，以及不使用語言的方式。前者稱為語言溝通（Verbal），後者則稱為非語言溝通（Non-verbal，詳見➡第一四八頁）。尤其在表達情感的時候，非語言溝通重要性比較高；非語言溝通用來突顯彼此的關係或好感，也非常有效。相對地，我們應該從對方的非語言溝通中，察覺他想傳遞的訊息和感情。想增進你的溝通本領，請務必掌握非語言溝通的技巧，瞭解當中所隱藏的訊息。

非語言溝通的種類

身體動作	●表情 ●身段手勢 ●眼睛移動 ●姿勢　等等
身體特徵	●容貌（外觀、皮膚狀態等等） ●體格（體型、髮型等等） ●體味　等等
接觸行為	●是否有親密接觸 ●親密接觸的方式　等等
擬似語言（副語言）	●聲音高低 ●聲音節奏 ●說話速度 ●哭泣、歡笑等近似語言的動作　等等
空間使用方式	●人際距離（與他人的距離感） ●就座行為（坐在哪個位置）　等等
利用人工物品	●化妝 ●服裝 ●飾品　等等
環境	●裝潢 ●照明 ●溫度　等等

對人敞開心胸時的態度與動作

手腳呈現自然狀態

這是接納對方的姿勢，尤其男性腳打開的時候，是對人比較開放的狀態。

身體朝向對方

這代表對他人或他人的話題感興趣，姿勢前傾代表非常感興趣。

在同一時間做相同動作

人會模仿有好感的對象採取的行為。跟對方採取同樣的動作，有縮短距離的效果（鏡像行為）。

挪開桌上的物品

對他人的話題感興趣，想進一步瞭解的時候，就會挪開中間的菸灰缸或花瓶。

不排斥對方靠近

踏入伸手可及的範圍內（個人距離），對方也沒有表示不愉快，這代表成功博得了對方的好感。

有肢體接觸

不管男性或女性，只要有接觸對方肩膀、手臂等身體部位的動作，就是有好感的證明。

不願對人敞開心胸時的態度與動作

做一些沒意義的動作

在對話過程中，觸摸杯子或手機，或是找包包裡的東西。

過度點頭

無視對話內容，點頭如搗蒜，或是在每次點頭的時候，都點好幾下，這是希望對話趕快結束的徵兆。

頻繁換腿翹腳

這代表當事人感到無聊，想轉換一下心情，有時候也是在表示欲求不滿。

抖腳

下半身比上半身更難控制，所以真正的態度容易表現在下半身。人在焦躁或緊張時，習慣抖腳。

太多不必要的動作

反覆雙手環胸，不然就是觸摸下巴或頭髮，這是藉由觸摸自己的身體來尋求慰藉（自我親暱），試圖緩和緊張或不安。

雙手環胸

這是一種自我防衛的動作，也是拒絕對方的訊號。時常雙手環胸的人，除了警戒心比較強以外，也有自我中心的傾向。

談話時藏住雙手

藏住雙手是拒絕對方靠近的訊號，尤其在一對一交談時，藏住雙手是不希望被看透內心的表徵。

第 4 章

組織與領導力

如何提高職場的幹勁

●組織……182～189

●領導力……190～213

充滿魅力的組織該有怎樣的職場環境

心理關鍵字 ■團體凝聚力 ■人際凝聚力 ■任務凝聚力

構成團體的五大要素

我們在日常生活中，歸屬於好幾個不同的團體，例如跟家人住在一起、去公司上班賺錢、到健身房運動流汗、週末跟鄰居烤肉等等。這些團體乍看之下沒有任何關聯，其實還是有幾個共通點的。首先第一點，這些集團都有各自的目標；第二點，成員間會互相溝通合作來達成目標；第三點，各個成員盡忠職守，自成一種團體的秩序；第四點，有維持團體的準則和規範；第五點，成員覺得團體有魅力，想繼續待在團體當中。

從心理學的角度來看，所謂的**團體**，不光是一群人聚在一起，還要滿足這五點才算數。一群人剛好待在同一個地方，稱不上團體。**我們隸屬於一個以上的團體，在不同團體中扮演別人希望我們扮演的角色，以此來建構自己的人生。**

伙伴是靠兩種羈絆聯繫的

充滿魅力的團體，每個成員間都有堅定的羈絆。美國心理學家利昂．費斯廷格主張，吸引成員留在固定群體的**團體凝聚力***，是由**人際凝聚力**和**任務凝聚力**組成的。

人際凝聚力是指成員間交流融洽，待在團體中令人感到愉快。任務凝聚力則是指團體充滿魅

***團體凝聚力**　讓人甘願待在固定團體中的效力。充滿團體凝聚力的集團，擁有高度的團結性，成員間互助合作的傾向極強，比較容易達成團體目標。

力，成員願意待在團體中來達成自己的目標。**對員工來說，一個有魅力的職場應該兼具人際凝聚力和任務凝聚力。人際關係良好，工作環境愉快就屬人際凝聚力；讓員工相信留下來有更上一層樓的機會，就屬於任務凝聚力了**。每個員工在工作上一展長才、大放異彩，公司也得以持續成長，員工也替公司的成長感到開心，這樣的團體才叫理想的職場。

團體的五大要素

在心理學之中，滿足以下五大要素，才稱得上團體。

1 目標

成員間有共同的目標。

這個月達成營業額
一百萬的目標吧

2 合作關係

成員間會互相溝通合作來達成目標。

你負責這個，他負責那個
OK

3 職掌

為了達成目標，成員有各自的職掌。

我負責製作資料
那我去洽公

4 規則

有維持團體的規範。

工作在六點以前要處理完

5 魅力

有吸引成員留下的魅力。

真希望下次還有機會跟大家合作

資訊地位決定領導地位

心理關鍵字
■團體 ■溝通網路 ■領袖

溝通是工作的基礎

溝通的好壞，決定了工作的成敗，這話說得一點也不誇張。在公司這個團體中，所有成員必須共有目標，理解各自的工作職掌才行。因此，各部門要一起召開會議，配合其他部門調整業務，進行職場內部的協調。另外，上司要對下屬提出指示或命令，下屬要一邊完成交辦的任務，一邊跟上司回報商量。

在這一連串的過程中，溝通是共有和傳達資訊的重要手段。**圓滑的溝通，有助於提升員工的幹勁，推動整個團體達成目標。**

握有資訊的人會成為領袖

心理學實驗也印證了，在團體生活中溝通是何其重要的事情。這裡就來介紹一下，美國心理學家哈洛德・李維特的實驗（**溝通網路***）。首先他找來五人一組的團體，安排四種不同的溝通途徑，分別是**環狀**、**鏈狀**、**Y字型**、**輪狀**。之後再調查，不同溝通方式，解決問題所花的時間，以及各成員的滿意度。

核心明確的Y字型和輪狀，用來解決問題特別有效率。不過，這兩種類型只有核心的成員滿意度較高，其他周邊的成員都心懷不滿。另一方

面，環狀溝通解決問題較花時間，但成員的滿意度是最高的。根據後來的研究發現，像Y字型或輪狀這種中央集權的溝通方式，長期下來會拉低成員的幹勁和生產力；環狀溝通對生產力或成員的滿意度都大有益處。

再者，不管在哪一個團體中，位於資訊集散位置的人會被當成領袖，這跟個人的資質高低無關，偶然被安排到那個位置的人也有同樣效果。換言之，**擠進溝通的中樞掌握資訊，才是成為領袖的關鍵**。

溝通途徑和領袖的決定方式

李維特曾經研究四種小團體的溝通網路。結果發現，待在溝通網路的中心位置，就是成為領袖的條件。

環狀

●沒有明確的領袖，在解決複雜的課題時，環狀溝通的生產力和成員滿意度都很高。

鏈狀

●邊緣的成員幹勁不高，長期下來會影響生產力。

輪狀

●成員間的聯繫薄弱，滿意度也不高。

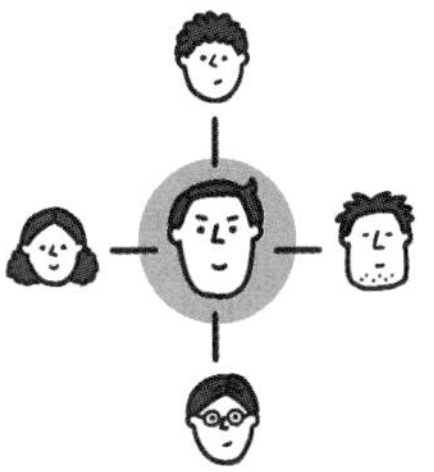

Y字型

●獲得兩個成員提供訊息的人，會成為領袖。效果和鏈狀相同。

＊溝通網路　這是李維特進行的實驗，主要研究四種小團體成員的溝通模式。除了上述四大類型外，還有各成員互相交換資訊的交錯型溝通方式，這種方式的溝通度極高，但任務達成度和滿意度都很低，也不容易選出領袖，用於組織會有不安定的後果。

愈團結的團體愈容易失控

心理關鍵字 ■團體迷思 ■冒險偏移 ■謹慎偏移 ■無懈可擊的錯覺

過於親密的團體也有風險

任何團體都有約束成員的規範，**這些團體規範雖然會限制成員行動，但成員也願意遵守團體規範，不會做出違背團體的事情**。

團體規範當中，也有避免對立的規範，這麼做可以提高人際凝聚力，讓成員在團體中感到舒適愉快（詳見⬇第一八二頁）。不過，**人際凝聚力太高的話，團體會失去冷靜的判斷力，做出失控的事情**。美國社會心理學家歐文·詹尼斯，曾經研究過美國總統行政辦公室下達的行政決策，包括越戰、豬玀灣事件等等。他發現政治經驗豐富又能幹的總統和官員，也會為了維持圓滑的人際關係，而陷入**團體迷思**＊的困境中，受到團體規範的支配而不敢表達意見。最終，留下了遺臭萬年的錯誤政策。

領袖有責任防止失控

一般來說，**團結又凝聚力高的團體，特別容易陷入團體迷思的困境中**。這時候，會產生**冒險偏移**和**謹慎偏移**的兩極化現象。冒險偏移是指團體採取危險的行事方針，明明每個成員都是冷靜有紀律的人，聚在一起卻討論出偏激的意見來。相對地，謹慎偏移是指成員間為避免對立，遲遲沒

＊**團體迷思**　太看重團體內的人際關係，試圖迴避對立的狀況，因而失去正確的判斷力，或是做出不合理的決策，這是一種易於容忍偏激心理行動的團體心態。

有討論出結果，也做不了任何決策的狀況。還有一種情況是，**成員誤以為凝聚力與團體實力呈正比，被無懈可擊的錯覺*支配**。成員一旦陷入這種錯覺之中，會給予自己的團體過高的評價，小看眼前必須解決的課題，無法做出合宜的判斷。

詹尼斯表示，**防止大家陷入團體迷思也是領袖的責任**。主要方法有三種，第一是營造出能夠發表反對意見的環境；第二是領袖自己不要發表意見；第三是讓好幾個小團體思考同樣的課題，尊重多元化的意見。

團體失控的風險

有時候團體會失去冷靜的判斷力，產生冒險偏移、謹慎偏移、無懈可擊的錯覺等極端的心理現象。

冒險偏移

一群人凝聚成一個團體，容易產生偏激的意見，面對危險的事情也不覺得恐怖。二〇〇四年，美國參議院的情報委員會指出，布希政權正是因為陷入團體迷思，才會聽信錯誤情資，發動伊拉克戰爭。

謹慎偏移

害怕變化或風險，傾向於採取安全的意見。不做任何決定，以維持現狀為優先事項；既不討論課題，也不思考解決辦法。職場上的會議常有類似的狀況。

還是採取安全的策略吧
OK
NO
舊產品
新產品

無懈可擊的錯覺

過於誇大團體的實力，失去冷靜客觀的判斷力。有研究顯示，日本的家電業界太注重過去的輝煌歷史，沒有認真開發市場真正需要的商品。

沒有人是我們的對手啦！

＊**無懈可擊的錯覺**　心理學家詹尼斯把團體迷思中最具影響力的觀念，稱為無懈可擊的錯覺。人們相信自己所屬的團體實力強大，所以有能力跨越任何困難。

人的工作意義究竟是什麼？

心理關鍵字 ■XY理論 ■需求層次理論 ■Z理論

何謂X理論和Y理論？

做為一個團體，企業的目標是積極提升生產力。為此，組織的每一位成員，都必須思考如何對這個目標做出貢獻。

身為美國經營學家和社會學家的道格拉斯・麥格雷戈，提出了所謂的**XY理論***，這個理論**對人類的動力有兩種不同的看法**。X理論認為人類懶惰又不負責任，不會主動處理工作，所以要用強制或命令賦予動機，才會努力達成目標。這種人性觀念就是**性惡說**，依照這種觀念的話，我們應該用**糖果與鞭子的軟硬兼施手法**（詳見⬇第一九六頁）**來賦予員工動機**。反之，Y理論認為人類享受工作，願意主動達成目標，有好的報酬或條件也會積極承擔責任。這種人性觀念屬於**性善說**，依照這種觀念的話，我們應該採取**尊重員工自主性的管理方式**。

人的工作義務在於實現自我

麥格雷戈對以往信賞必罰的經營手法是有疑問的，他將馬斯洛的**需求層次理論**（詳見⬇第二七頁）引進商業界以後，發現**人類不只擁有本能的需求，還具備社會性和文化性的需求，而且還會主動打拚來滿足自我實現**。麥格雷戈甚至主

＊**XY理論**　以麥格雷戈的人性觀念為基礎的經營理論，X理論認為人類要鞭策才會努力工作，Y理論則認為人類會努力工作，實現自我。

張，以往的舊式企業是用X理論在經營管理，但現代企業應該運用Y理論才對。

另外，社會心理學家威廉·大內也提出了Z**理論**，這是介於X理論與Y理論之間的另一種看法。他對日本企業和美國企業進行比較研究，發現日式經營集合了X理論與Y理論的優點，特色是具備信賴、體貼、親密等要素。

經營手法的三種理論

在考量如何營運組織的時候，首先要考慮的是應該如何看待員工，也就是你對人性有什麼樣的看法。

這件工作辦好
我會加你薪水
是！

X理論

人性觀念	經營手法
X理論認為人類要鞭策才會努力工作，所以需要強制和命令手段。	糖果與鞭子的軟硬兼施手法，講究信賞必罰。

用你的方法
試試看，加油喔
部長對我寄予厚望，
我要努力才行

Y理論

人性觀念	經營手法
人類會心甘情願地工作來實現自我。	重視員工的自主性，進而提高生產效率。

各位，幹得好。
以後也要加油喔

Z理論

人性觀念	經營手法
融合X理論與Y理論的人性觀念，重視人與人之間的信任、體貼、親密等要素。	在公平主義之下，發揮每個人勤勉的特質和忠誠心來提高生產效率。

領導力是鍛鍊出來的

心理關鍵字■領導力

領袖有許多職責

不管在政治界、商界、運動界，領袖交替永遠是重大的新聞。因為領袖換人，團體的方針也會有很大的變化。尤其仰**賴領導力***營運的企業，常會撤換經營階層來提振業績。

如今經濟全球化，企業活動不再受國境限制，情況跟過去完全不一樣，領袖的職責也就更加重要了。

領袖必須具備卓越的領導力，放眼未來描繪願景，並保持冷靜的判斷力去適應環境變化，同時還要操持組織，帶領員工提升業績。

在企業裡，社長是整個公司的最高領導，底下還有許多部門和基層組織，這些部門和組織也有各自的領袖。

儘管每個領袖擁有的地位和權限不同，但都肩負著眾多職責。美國心理學家大衛・克雷奇指出，**領袖的職責有十四大項（詳見左頁）**。

不過，不是每個人天生就具有領袖的資質。美國經營學家彼得・杜拉克曾說，**世上沒有天生的領袖，領導力是透過學習得來的**。

請各位善用心理學的效果，成為一位眾望所歸的領袖吧。

* **領導力**　在心理學中，領袖為了達成團體目標，會用某些方法影響團體成員，帶領他們通往達成目標的方向，這些方法就叫做領導力。

領袖的十四種職責

心理學家克雷奇研究過領導力，並歸納出領袖的十四種職責。

執行者
調整團體活動，肩負責任的職責。

計劃者
制定達成目標的方法和手段的職責。

政策決定者
決定目標和政策的職責。

父親
當個父親，肩負照顧成員感情和情緒的職責。

專家
在技術和資訊面比其他成員更優秀的職責。

代罪羔羊
在無法達成目標時，被失望的成員批判的職責。

代表者
對外代表組織的職責。

意識形態提供者
提供成員信念、價值、規範的職責。

統馭者
駕馭組織的制度，安排人員分配的職責。

模範者
成為團體模範，明示具體目標的職責。

責任代行者
替成員的決定或行動負責的職責。

分配者
賦予成員賞罰、地位、名譽的職責。

統合象徵
強調組織的獨特性，塑造一體感的職責。

裁定者
裁決和調停內部紛爭的職責。

何謂理想的領袖？①

心理關鍵字 ■專制型領袖 ■民主型領袖 ■放任型領袖

領袖風格決定團體風格

領袖的領導風格對團體會有很大的影響，因此在心理學的領域中，一直都有人在**研究什麼是團體需要的領袖**。最先研究這個課題的人，是號稱社會心理學之父的美國學者庫爾特．勒溫。

勒溫曾做過一個實驗，研究團體在**專制型領袖**、**民主型領袖**、**放任型領袖**的領導之下，生產力和成員滿意度會有怎樣的變化。實驗方法是找來五個十歲左右的小孩，讓他們在受過訓練的大人指揮下，從事勞作之類的課題。結果發現，民主型領袖和專制型領袖率領的團體生產力最高，放任型領袖率領的團體生產力最低。不過，民主型領袖和專制型領袖率領的團體，小孩之間的相互作用和滿意度有很大的差別。**在民主型領袖的指導下活動，小孩都感到非常滿意；反之，在專制型領袖的指導下活動，小孩內心都很不滿**。而且，他們還會把氣出在最弱小的孩子身上，把那個孩子當成**代罪羔羊**＊（詳見⬇第二二六頁）。代罪羔羊一離開團體，他們就會找下一個弱者欺負，霸凌事件層出不窮。另一方面，民主型領袖帶領的團體，沒有霸凌事件發生，領袖離開後，一樣會維持高度的活動力。從生產力和滿意度的層面來考量，**民主型的領導方式最有效率**。

＊**代罪羔羊**　原來是指舊約聖經中「用以贖罪的羔羊」。在心理學之中，泛指團體的成員對制度感到不滿時，對個人或某個社會階級發洩怒火和恨意。霸凌也屬此類。

領導力的三種類型

社會心理學家勒溫曾經以小孩子為實驗對象，研究在專制型領袖、民主型領袖、放任型領袖的指導之下，團體的生產力和滿意度會有什麼樣的變化。

專制型

由領袖詳細指定活動方針，也不告訴小朋友完整的作業內容，只在不同的環節下達必要的命令。領袖不跟小朋友一起做事，而且稱讚特定的小朋友，處罰做不好的小朋友。

你們要按照
我的指示做事，
知道嗎！

適合用在急需做出決定的情況下。

民主型

領袖跟小朋友一起商量活動方針，並清楚告知完整的作業內容，每個人都知道作業的概要是什麼。領袖會陪小朋友一起做事，彼此互相稱讚鼓勵。

這是我們
一起決定的

在處理普通業務時，這是最好的領導模式。

放任型

領袖不參與活動方針的決策，一切都交給小朋友自行發揮。只有小朋友發問時，才會告知完整的作業內容。領袖不跟小朋友一起做事，也不參加作業的過程。

剩下交給你們囉

適合水準較高的專家團隊。

何謂理想的領袖？②

心理關鍵字■PM理論

理想的上司重視均衡

心理學的領域中，有許多關於領導力的研究。其中日本社會心理學家**三隅二不二**＊提倡的PM理論，是世界知名的學說。

三隅認為領導力是由**目標達成機能（P＝Performance function）與團體維持機能（M＝Maintenance function）**組成的。**P機能**是指訂立具體的計畫達成團體目標，對成員下達指示與命令的領導力。**M機能**是理解成員，蘊釀友好氣息維持團體的領導力。領袖擁有這兩種高度的能力，則以大寫的PM表示，缺乏這兩種能力則用小寫的pm表示。這兩種能力的高低，共有四種組合模式。

四種模式之中，團體生產力和滿意度最高的是PM類型（亦即兩種能力兼具），pm（亦即兩種能力付之闕如）則是最低的類型。換句話說，**理想的領袖要激發成員的幹勁，帶領他們達成團體目標，同時保持良好的職場人際關係，提高成員的滿意度。**

不過，在不同的經營狀況下，組織需要的理想領袖也不一樣。一般來說，企業陷入經營危機時需要大P型領袖，業績好的企業則需要大M型的領袖。

＊**三隅二不二**　一九二四年生，卒於二〇〇二年。專攻社會心理學，曾將美國心理學家庫爾特．勒溫發明的團體動力學引進日本。三隅的PM理論堪稱舉世聞名。

四種類型的領導力

三隅認為 PM 型才是理想的領袖類型，原因是 P 機能和 M 機能有相輔相成的效果，可以提升生產力和下屬的滿意度。另外，領袖的風格不見得永遠都一樣，經過適當的教育也有機會成長為理想的 PM 型。

〈P機能〉

達成目標的能力，例如給予成員指示或鼓勵，提高團體的生產力等等。

〈M機能〉

維持和強化團體默契的能力，例如瞭解成員的立場，提升每個人的滿意度等等。

M機能：高／低　P機能：低／高

pM型

很會照顧成員，職場氣氛也相當融洽，但制定和執行計畫的能力有問題，生產力低。

PM型

擁有高度生產力，職場的人際關係也不錯，下屬的幹勁和滿意度都很高。

pm型

無法拿出明確的目標和成果，也缺乏對下屬的信任與理解。

Pm型

對下屬要求嚴厲，試圖提升生產力，卻毫不在意下屬的意見和心情。

※大寫代表該項機能比較強，小寫則是比較弱的意思。

提升下屬的動機

心理關鍵字
■動機 ■外在動機 ■內在動機

動機分為兩種

為了達成團體目標，領袖必須引導每一個成員的行動方向才行。在心理學中，**引導別人去做某件事情，讓他們願意持續下去的意欲或幹勁，稱為動機**（Motivation）。

動機有分外在動機與內在動機。所謂的外在動機，是指外部的指示和命令，以及報酬和懲罰這一類的要素，說穿了就是**糖果與鞭子的軟硬兼施手法***，成員會努力做事來獲得讚賞，或是規避責罵。內在動機則是成員心甘情願、樂在其中，透過行動獲得滿足感或成就感。

信賞必罰的外在動機，短期內是有效果的，但效果會逐漸轉弱，漸漸失去動機。**要持續維持成員的幹勁，愉快又有成就感的內在動機是不可或缺的。**

如何給予內在動機？

二〇一一年，日本女子足球代表隊在世界盃拿下冠軍，帶給蒙受震災的日本極大的希望與感動。女子足球的成員跟男子隊不一樣，她們大多是業餘選手，待遇和報酬都不高；帶領她們爬上世界頂點的，正是內在動機。

提倡內在動機的美國心理學家愛德華・德奇，

＊**糖果與鞭子的軟硬兼施手法**　德意志帝國知名的鐵血宰相俾斯麥的政策，在後世得到了這樣的評價（制定嚴刑峻罰是鞭子，提升百姓生活的政策是糖果），後來成了慣用句型。

主張人在三種情況下會產生內在動機。一是自律性需求獲得滿足的時候，這是一種憑自身意志決定行動的需求；二是追求能力的需求獲得滿足的時候，這是敦促自己成長來達成目標的需求；三是關係性需求獲得滿足的時候，這是一種想要豐富人際關係的需求。

領袖的職責在於賦予下屬內在動機，讓他們自動自發，透過工作感受自己成長，同時引導他們滿足上述的需求。

內在動機的三大需求

提倡內在動機的德奇，認為領袖必須幫助下屬滿足三種心理基本需求，這樣才有辦法賦予他們內在動機。

自律性需求

●憑自身意志決定自主行動的需求。

這個工作
請交給我

追求能力的需求

●想要發揮自身能力，追求進步和達成目標的需求。

這是你的功勞啊
我對組織
是有貢獻的！

關係性需求

●想跟周遭產生聯繫，藉此獲得安心感，感受自己確實受人敬愛的需求。

喔喔
我們一起
加油吧

目標會提升動機

心理關鍵字 ■動機 ■目標設定 ■公開表態

如何設立恰當的目標？

職場的生產力與每位員工的幹勁息息相關，因此提升動機是重要的經營課題。**設定目標**是有效的動機賦予手段之一，有了目標，就等於揭示現實與理想的落差，大家才知道應該做什麼來彌補落差。

目標，最好有具體的期限和數值，例如當天要創下一百萬的營業額；不要只是提出模稜兩可的精神論，叫大家一起努力，**否則不會有提升動機的效果**。

不過，目標訂得太高也會產生難以達成的不安，削弱成員的幹勁，訂得太低又沒辦法獲得成就感。換言之，請**設定一個努力就能達成的稍難目標**，不要訂得太難或太簡單。

在眾人面前宣誓目標

另外，自己訂立目標遠比別人訂立更能提升動機，達成的可能性也比較高。用**公開表態（Public commitment）***的方式在眾人面前宣誓目標，也非常有效果。

美國心理學家庫爾特・勒溫，在二次世界大戰時進行了一項實驗，他試著說服家庭主婦用動物內臟來代替短缺的牛肉。家庭主婦分成兩組，

＊**公開表態**（Public commitment）　對團體成員宣誓目標的手法，公開宣誓會提升達成目標的幹勁。Commitment有承諾或保證的意思。

一組讓她們參加內臟烹調法的演講會，另一組在討論完以後，所有人要宣誓用內臟煮菜的決心。事後勒溫進行追蹤調查，第二組幾乎每個家庭主婦都有實際用到內臟。這個實驗結果告訴我們，**在眾人面前表明行動決心，跟著團體一起做出決定，遠比單純聽演講更有提升動機和付出行動的效果。**

由此可知，設定目標的方法會影響動機的強弱。領袖要幫助下屬設定恰當的目標，一邊鼓勵他們達成目標，一邊引導他們成長進步。

有效的目標設定

要提升和維持動機，必須設定一個有效的目標。

1 提出具體的目標內容

總之加油
就對了
這個月的營業額
要達到一千萬

2 設定一個努力就能達成的稍難目標

要成為業
界第一
不會吧？
先成為業界
前十吧

3 主動設立目標

你有得獎的
實力喔！
我要努力得到
下一屆的大獎

4 公開表態

這個月我要拉到
十個新客戶！
話都說出口了，
非辦到不可！

領袖的期待會促進下屬成長

心理關鍵字 ■比馬龍效應 ■比馬龍管理

待遇會改變一個人

「淑女和賣花女的差別不在於她們的舉止，而是她們受到的對待。」

這是奧黛麗·赫本主演的電影《**窈窕淑女**》*中的經典台詞，主角伊萊莎從一位賣花女搖身一變成為落落大方的淑女後，說出了上面那一段話。這一句話也顯示出，**周圍的期待會喚醒被埋沒的才能**。

電影改編自蕭伯納的戲曲《比馬龍》。比馬龍是希臘神話中賽普勒斯王的名字，心理學中的**比馬龍效應**（詳見➡第五九頁），是指期待化為現實的意思。美國心理學家羅伯特·羅森塔爾曾做過一個實驗，證明比馬龍效應確實有用。他在某一間小學實施智力測驗，並告訴學校的老師，這個測驗可以發掘有潛力的孩子。然後他隨機挑選幾個小朋友的名字，跟老師說他們特別有念書的天份。結果，這些隨機被選上的孩子，成績真的進步了。因為老師會在無意間，用表情或語言表達對孩子的期待，孩子也會努力回報老師。

比馬龍管理

比馬龍效應原本被應用在兒童教育上，但美國經營學家史特林·利文斯頓提出了一個人才培育

＊窈窕淑女　以英國劇作家蕭伯納的作品《比馬龍》改編而成的音樂劇。音樂劇公演後大受好評，遂於一九六四年翻拍成電影。

方法，名為**比馬龍管理法**。

他發現優秀的上司會對下屬抱有期待，促進下屬成長；無能的上司對下屬不抱期待，下屬也就無法成長。

上司若對下屬懷有高度的期待，並在言談中透露那份期待的話，下屬自然會努力獲得成果，來回報上司的期待。反之，上司若不相信下屬的潛力，動不動就指責下屬的缺失，自尊心受傷的下屬會變得投鼠忌器，最後真的一事無成。換言之，**期待的高低都會反映在現實上**。

比馬龍管理

利文斯頓認為，相較於公司的中堅份子，比馬龍管理更適合用在菜鳥員工身上。所以剛進公司的菜鳥，最好分發給那些會給予下屬期待感的優秀上司。

特徵 1

上司對下屬的期待和對待方式，會決定下屬未來的業績與升遷。

優秀的上司
未來一片光明
期待

特徵 2

優秀的上司，會讓下屬相信自己有能力提升業績、達成目標。

優秀的上司
我要回應期待才行

特徵 3

無能的上司無法給予上述的期待，下屬的生產力也不高。

無能的上司
真不想做

特徵 4

下屬只會做上司期望的事情。

無能的上司
反正上司對我也不抱期待
我對那傢伙沒期待

以「稱讚代替責罵」是有根據的

心理關鍵字■讚美效應 ■霍桑效應 ■5W1H

稱讚比責罵更有效果

時至今日，大家在探討兒童教育或人才培育的時候，還是在爭論稱讚和責罵的優劣。早在九十年前，心理學就已經認同**稱讚**的效果了。

美國心理學家伊利莎貝絲．赫洛克，曾把小學五年級學生分成三組，請他們連續五天練習算數。第一組不管成績好壞都大力稱讚；第二組不管成績好壞都大力斥責；第三組放牛吃草，既不稱讚也不斥責。五天以後，**被稱讚的組別連續五天成績都有進步**；被斥責的組別只有前三天有進步，後來就停滯不前了；放牛吃草的組別沒有什麼變化。換言之，稱讚比斥責更能鼓舞人心，也有提升成績的效果。這種**讚美效應**＊，已經獲得科學證實了。

稱讚努力而非能力

不過，也不是隨便稱讚就有效果。美國心理學家卡洛．德韋克發現，稱讚的方式也會影響小孩的成績變化。她進行的實驗內容如下，先找來數百名青春期的孩童參加智力測驗，測驗完後把所有小孩分成兩組，**一組稱讚他們頭腦很好，另一組稱讚他們很努力**。

接著，她提供新的測驗問題和舊的測驗問題，

＊**讚美效應**　獲得別人的稱讚，我們會覺得自己很有能力。這種內在動機受到刺激，就會自動自發努力下去了，最終能力也會進步。

給小朋友做答。被稱讚能力的小孩，傾向選擇舊的測驗問題做答；被稱讚努力的小孩，傾向選擇新的測驗問題做答。等她再提出更困難的測驗問題，被稱讚能力的小孩開始覺得自己沒有能力，

被稱讚努力的小孩則認為困難的問題很有趣。智力測驗持續進行下去，被稱讚能力的小孩成績下滑，同時也失去信心；被稱讚努力的小孩則愈來愈進步。

讚美努力

這個實驗告訴我們，當一個人的努力受到讚賞，會覺得努力是一件開心的事情。喜悅會激發挑戰新課題的欲望，實際帶動成績上揚。

稱讚能力的組別
稱讚努力的組別
1 提供新的測驗問題和舊的測驗問題給他們做答。
選舊的做答好了
選新的做答好了
害怕失敗，選擇舊的問題做答。
樂於挑戰，選擇新的問題做答。
2 提出困難的問題
對解題感到挫折，認為自己沒有能力。
覺得困難的題目比較有趣，願意努力解題。
3 繼續測驗
失去自信後，成績退步，連簡單的問題也解不出來。
成績進步，挑戰過難題以後，簡單的問題也迎刃而解。

從這個實驗我們不難發現，**當一個人的努力受到讚賞，會覺得努力是一件開心的事情。喜悅會激發挑戰新課題的欲望，實際帶動成績上揚。**

以特殊待遇滿足自我表現欲

「**特殊待遇**」和「稱讚」一樣，都有提升當事人幹勁的效果。當一個人受到與眾不同的待遇，就會覺得自己受到矚目和重視，**大大滿足自我表現欲***，**進而獲得快感與幸福感**。

西方電器公司位於美國芝加哥郊區的霍桑工廠，曾經做過一個實驗（一九二四年到一九三二年），實驗結果也證明了這一點。研究人員調查改善工廠最有效率的方法，結果發現提升上司和同事對勞動者的關懷，比改善照明等其他物理因素更有效果。

換句話說，**讓作業員感覺自己受到重視，有助於提升生產力**。而這樣的作用，也因實驗地點而得名**霍桑效應**。

比方說，一個能力平平又自我感覺良好的員工，在受到特殊待遇後有可能充滿幹勁，辦到超出他能力水平的事情。而這種達成體驗（詳見⬇第一四四頁）會化為自信，讓一個自我感覺良好的員工，蛻變為真正有實力的高手。

不過，霍桑效應也不是對每一個人都適用。有些人受到特殊待遇後得意忘形，反而招致眾人的反感，所以領袖有必要斟酌特殊待遇的程度和方法。另外，特殊待遇也有可能造成過度的壓力，害當事人失去幹勁。如何運用「特殊待遇」，也要看領袖的本事。

＊**自我表現欲**　對社會或周遭彰顯自身存在的欲望，是一種很自然的人性需求，也是在社會生活中進行正常溝通的必備要素。

破壞下屬幹勁的話不該說

上司對待下屬的方式，是促進下屬成長的關鍵。例如，上司時常對下屬表達感謝之意，下屬也比較願意聽從上司的指示。稱讚下屬做得很好，能有效提升下屬的幹勁。當下屬看到上司認同自己的貢獻，自然會繼續努力取悅上司。**把「讚美」說出口，給予下屬認同**是非常重要的事情。

相對地，有些話會破壞下屬的幹勁。痛罵對方蠢笨如豬之類的人身攻擊，是絕對不可以說出口的。縱使下屬有錯，也不該否定對方人格。再來，質疑對方的能力和幹勁，也是萬萬不可。認定下屬不可能成功，也會輕易破壞下屬的幹勁。

下屬沒有按照上司的期待做事，可能是上司的指示不夠明確，沒有正確傳遞「時間、地點、人物、事件、原因、方法」（亦即六何法5W1H*）的關係。在責罵下屬以前，請先思考自己是否有下達正確的指示。

職場議題 Topics

下屬的話也會破壞上司的幹勁

不是只有下屬才會被言語傷害，下屬的言語也經常破壞上司的幹勁。

- 令人感到無力的話
  - 整天把「可是」掛嘴邊，藉口一大堆。
  - 「反正不會成功啦。」妄自菲薄，透露出放棄的態度。
- 做事態度消極的話
  - 「這件事一定要我來嗎？」
  - 「還要做這件事啊？」
- 講話不懂禮貌
  - 「靠，這太難了吧。」講話方式沒大沒小。

＊5W1H　基本商業用語，分別是何時（When）、何地（Where）、何人（Who）、何事（What）、何故（Why）、如何（How）的略稱。有時在商場上還需要再加一個H（How Much：何價）。

當一個值得被信賴的領袖

心理關鍵字 ■領導力 ■信賴累積理論

領袖的影響力端看信賴的程度

領袖的地位要獲得成員認同，才有辦法發揮領導作用，帶領眾人達成團體目標。職場中上司與下屬的關係，不僅是地位和權限奠定的上下關係，同時也是人與人之間的關係。地位再高、權限再大、能力再強的上司，**若沒有獲得下屬的信賴，也無法發揮領導力**。

美國心理學家艾力克・霍蘭達提倡**信賴累積理論**＊，亦即領導力不是從領袖與生俱來的資質而來，而是**過去的一連串行為累積起來的**。上司會評鑑下屬的好壞，**下屬也會在背地裡觀察上司的人品，看上司是否值得信賴**。而且雙方長時間相處，人品好壞是裝不來的。上司要獲得下屬的信賴，下屬才願意接受指示與命令；否則上司講的意見再正確，下屬也只會陽奉陰違，不肯發揮全力執行。

信賴是在平日的例行公事中累積起來的，由此可見「**上司不是一天造成的**」，上司不只要培養下屬，更應該培養自己，持續成長進步才行。

＊**信賴累積理論**　這個理論是說，領袖平日要獲得成員的信賴，成員才會接受領袖提示的團體目標。

獲得信賴的十大條件

美國心理學家約翰．巴特勒，舉出了十個獲得下屬信賴的條件。上司必須獲得下屬的信賴，讓下屬乖乖接受指揮，才有辦法順利發揮領導力。

領袖要具有高度溝通技巧

心理關鍵字 ■開放式溝通 ■表達能力 ■傾聽能力

領袖要激昂地描述願景

無話不談、百無禁忌的溝通方式，稱為開放式溝通。採取開放式溝通的職場，**員工的壓力比較少，心理健康和工作表現也特別好**。

領袖的溝通能力，也會影響到職場溝通環境的好壞。就算領袖具備優秀的管理能力，也非常信賴下屬，如果沒有表達出來讓下屬知道，那麼也無法發揮領導力。

上司要有**激昂描述願景的表達能力**。號稱「傳奇經營者」的**傑克．威爾許**＊，是奇異公司的前董事長兼執行長（CEO）。他明白地表示，最重要的能力是溝通能力，第二重要的也是溝通能力，第三、第四重要的還是溝通能力。管理者要多多找員工談話，告訴員工現在公司發生什麼事情，以及管理者做那件事情的原因，還有管理者對員工有何期待。

當一個擅於聆聽的人

上司也該擁有**傾聽必要訊息的能力**。美國心理學家約翰．巴特勒提出了「獲得信賴的十大條件」（詳見⬇第二〇七頁），其中兩條是「必要時都碰得到」和「傾聽下屬的意見」。

想跟下屬保持良好的溝通，平時就要歡迎下屬

＊**傑克．威爾許**　美國大企業家。從一九八一年開始，擔任愛迪生創辦的奇異公司的執行長，整整有二十年的時間。被喻為「傳奇的經營者」。

找自己商量煩惱，再忙也要抽時間聆聽下屬的問題。下屬知道各種職場情報，例如第一線發生了什麼事情，有哪些課題急需處理，必要的解決關鍵何在等等。**要瞭解執行業務所需的現場資訊，以及下屬在處理工作時遇到的問題，上司得當一個好的傾聽者才行**。因此，上司要擁有高度的表達和傾聽能力。

領袖的傾聽能力

上司要有傾聽下屬意見，引導他們說出真心話的能力。

1 一定要聆聽下屬前來商量的問題

○ 再忙也要抽出時間

麻煩你晚點來，
我會空出十分鐘時間

2 營造出歡迎下屬來商量的氣氛

○ 講話時看著下屬的雙眼

什麼事啊？
坐下來聊嘛

3 不要否定下屬的談話，要感同身受

○ 感同身受

原來還有這種看法啊

✕ 否定

乖乖照我的話做
就對了！

跟下屬意見對立的時候

心理關鍵字 ■人際衝突 ■利害衝突 ■認知衝突 ■規範衝突

踴躍的討論也會產生意見對立

在言論風氣自由、討論踴躍的職場上，意見不同的員工有可能互相對立。上司和下屬之間對立也是在所難免的事情。

在心理學中，**人與人之間的對立和紛爭**，稱為**人際衝突**。人際衝突又分為**利害衝突**、**認知衝突**、**規範衝突**這三項，主要取決於**衝突***（詳見➡第一八頁）的原因和爭議點的不同。好比在工作分擔上的看法對立，就是期待與目標不同所產生的利害衝突；在工作意見上對立，則是價值觀不同所產生的認知衝突；在職場規範或職場倫理上對立，是社會規範不同所產生的規範衝突。**絕大多數的人際衝突不是單一原因造成的，而是包含各種錯綜複雜的理由**。

化干戈為玉帛的解決辦法

一般來說，下屬不會故意惹上司不開心。明知頂撞的風險還大膽表示意見，代表對方相信你是一個有雅量聆聽意見的上司。

所以，**上司應該認同下屬表示歧見的勇氣，以及下屬對自己的信賴才是**。然後，把意見對立當成一個解決潛在問題的機會，用積極正面的態度去處理。如此一來，下屬會更加信賴上司。

人際衝突的處理方法

美國心理學家羅伯特．布雷克和數學家珍妮．慕頓，將人際衝突的處理方法分成以下五大類。他們對美國企業的管理階層進行調查，發現上司與下屬意見對立的時候，正視問題型是最圓滑的處理方法，固執型是最糟糕的處理方法。

1 迴避型

●不肯正視問題，能拖則拖。

這個問題，
晚點再談吧
竟然落跑了

2 融合型

●找出共通點，無視意見分歧。

這一點，我們的
意見是一致的
那有問題的地方
怎麼辦？

3 妥協型

●互相妥協讓步。

大家各退一步，
你也別再爭了
我不能接受

4 固執型

●執著彼此的立場，硬要分高下。

我才是
正確的！
不，我才是
正確的！

5 正視問題型

●討論到彼此都能接受為止，
一起找出解決辦法。

總算互相
理解了呢
這樣我就能接受了，
多謝。

＊**衝突**　同時有兩個無法相容的需求存在，卻無法做出明確選擇的狀況。心理學家勒溫把衝突分為三類，兩者都想要的情況稱為「雙趨衝突」；兩者都不想要的情況稱為「雙避衝突」；一者想要、一者不想要的情況則稱為「趨避衝突」。

偶然造就個人職涯

心理關鍵字■計畫性巧合理論

人生無法隨心所欲

在漫長的工作歷程中，我們很難依照自己的期望選擇企業、單位、工作內容。事實上，能按照計畫走的人反而是極少數。

根據美國心理學家約翰．克朗伯茲的調查，美國只有百分之二的社會人士，有辦法從事自己十八歲時想做的職業。

另外，**他還分析數百個成功人士的職涯經歷，發現他們的職涯有八成源自無法預期的事件或偶然**。克朗伯茲從這個調查結果，推導出「**計畫性巧合理論**」*。

如何把偶然轉變為機會

克朗伯茲認為，職涯的最終目標是打造愉快的人生和生活，而這要透過持續不斷的學習來達成。換言之，**上司除了要考量自己的職涯，還要幫助下屬創造他們的職涯**。

那麼，有沒有辦法把偶然轉變為機遇呢？克朗伯茲表示，只要擁有好奇心與堅持性等五大行動方針，**就能把偶然轉化為有意義的必然，用來積極創造自己的職涯**（五大行動方針詳見左圖）。

＊計畫性巧合理論　百分之八十的職涯經歷都是偶然造成的。善用偶然，把偶然轉化為有意義的要素是非常重要的事情。

善用偶然的五大行動方針

提倡計畫性巧合理論的克朗伯茲，指出了五大行動方針，教導我們如何善用無法預期的事件或際遇，並且積極創造出這些無法預期的機遇，來幫助我們打造職涯。

1 好奇心
再考一張證照，提升職涯的資歷吧
2 堅持性
絕不再犯同樣的失誤
3 樂觀性
這次調動應該是有意義的
4 冒險心
雖然前途不明，但挑戰是有意義的！
5 靈活性
過去已成過去，試試新方法吧
過去

- 不斷摸索學習新知的機會。
- 失敗也不氣餒，願意持續努力。
- 遇到意外事件也不悲觀，會當成幫助自己成長的機會。
- 在結果不明確的狀況下，也敢冒險行動。
- 不執著於過去，會改變自己的信念、觀念、態度、行為。

「如何提升團隊默契？」

團隊跟團體是不一樣的，團隊不是單純的群體，大家要互相合作，達到應該完成的目標才算是團隊。團隊默契夠好的話，可以品嚐到超乎想像的成就感和成果。那麼，該如何提升團隊默契呢？

團隊合作需要什麼？

任何工作，或多或少都是團隊進行的，就連那些看似單獨完成的工作，也有團隊在背後默默支持。而在公司裡，也會遇到好幾個團隊互相競爭的狀況，這時候，團隊默契的好壞，會影響到成果的高低。

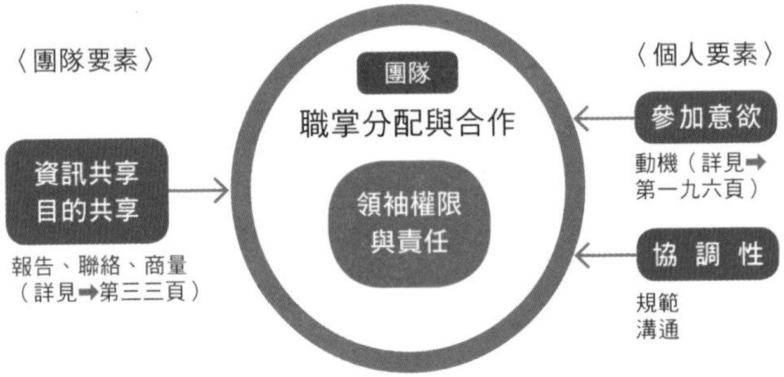

●職責分配恰當

領袖要掌握團員的特性和能力，依照其特性和能力分配職務。

●拒絕不合理的要求

遇到團員提出不合理的工作要求，或是不恰當的提案，一定要說明理由好好拒絕，千萬不能睜隻眼閉隻眼。

●積極提出建言

就算不是自己的權責範圍，一有更好的點子或方法，就應該踴躍提出來。只是，發表建言的時候要尊重對方。

●不要獨自煩惱，多找人商量

缺乏自信、覺得自己處理不來的時候，請找團員商量，不要獨自煩惱。團員間有難，大家應該互相幫忙。

●尊重共識

尊重多數人的意見，哪怕自己有不同的看法。這會增進團隊協調性，維持整體的默契。

第 5 章

職場或工作上的煩惱不安

如何面對壓力？

職場人際關係和工作是壓力的來源

心理關鍵字 ■壓力 ■社會再適應量表

「職場人際關係」高居壓力排行榜首

通常我們一提到壓力這兩個字，都會抱有一種「負面」的印象。其實，日本有句俗話說「**壓力是人生的調味料**」*，適當的壓力會替生活增添刺激與緊張，不見得都是壞事。

過大的壓力影響到日常生活，這才真的是問題。根據厚生勞動省的勞動者健康狀況調查（二〇〇七年度）顯示，**最常見的壓力源是「職場人際關係」，高達百分之三十八點四；其次是「工作品質」，高達百分之三十四點八；再來是「工作量」，高達百分之三十點六。**

何謂社會再適應量表？

壓力這個字眼，有**沉重**、**壓迫**、**壓抑**、**扭曲**、**緊張**的意義。美國社會生理學家湯瑪斯．霍姆斯，還有理查．雷提出了社會再適應量表。這個量表是用相對性的方法評估，當某件事情改變我們的生活方式以後，我們要花多大的心力去適應（再適應），才有辦法回到事件發生前的狀況。從左頁量表我們不難發現，壓力強度較大的項目中，有不少跟職場或工作有關，例如失業、辭職、退休、業務調整、經濟狀況改變等等。而這也表示，我們承受了很多職場或工作上的壓力。

＊壓力是人生的調味料　這句話是漢斯．薛利的名言，他是提倡壓力理論的生理學家。這句話還有下文，「沒有加調味料的食物索然無味，但添加太多也無法入口」。

何謂社會再適應量表？

湯瑪斯・霍姆斯和理查・雷認為，如果有人在過去一年間，經歷過社會再適應量表中的其中幾個項目，而且總分合計高達兩百到三百分，那麼他有超過一半的機率，會在往後的一年間出現壓力症狀。

■ 職場和工作上的壓力

順位	日常事件	壓力大小
1	配偶死亡	100
2	離婚	73
3	夫妻分居	65
4	拘禁或服刑	63
5	近親去世	63
6	自己受傷或生病	53
7	結婚	50
8	失業	47
9	夫妻和解	45
10	辭職、退休	45
11	家族成員的健康狀況改變	44
12	懷孕	40
13	性功能障礙（性生活困難）	39
14	多了新的家族成員	39
15	業務調整	39
16	經濟狀況改變	38
17	朋友去世	37
18	工作改變（職務異動等等）	36
19	與配偶吵架	35
20	負債百萬以上	31
21	負債失去抵押品	30
22	職場的權責改變（如地位改變）	29
23	兒女離家（結婚）	29
24	與親戚發生糾紛	29
25	獲得特殊的成就	28
26	妻子就職或辭職	26
27	升學或畢業	26
28	生活環境改變	25
29	個人習慣改變	24
30	與上司發生糾紛	23
31	勞動條件改變	20
32	居住環境改變（搬遷）	20
33	學校改變（轉學）	20
34	娛樂改變	19
35	宗教活動改變	19
36	社會活動改變	19
37	一百萬以下的負債	17
38	睡眠習慣改變	16
39	同居家族成員人數改變	15
40	飲食習慣改變	15
41	長期休假	13
42	聖誕節	12

壓力引起的心理疾病①

心理關鍵字 ■壓力源 ■身心症 ■心理疾病

引發壓力的壓力源

一般人常說自己累積了很多壓力，或是想要好好消除壓力。**壓力產生的因素（壓力源）**會使身心陷入壓力狀態中，這種狀態沒有順利消除的話，生理和精神都會引發壓力反應。而壓力反應呈現的方式，就是心理疾病，以及後面會提到的**身心症***了。壓力源主要分為四種，**第一種是物理性壓力源**（溫度或噪音造成的刺激）；**第二種是化學性壓力源**（藥物或空氣汙染等等）；**第三種是生理性壓力源**（運動不足、睡眠不足、過勞、疾病等等）；**第四種是精神性壓力源**。其中，會讓我們感到「壓力累積」的是第四種。

抗壓性因人而異

精神性的壓力，主要有人際關係的煩惱，還有精神上的痛苦、憤怒、不安、憎恨、緊張等等。大體上可分為三類，**一是人際關係問題**（上司、下屬、同事之間的衝突或問題）；**二是權責上的問題**（工作內容與能力不符、適性問題、過度勞動等等）；**三是妨礙需求問題**（對健康和安全的需求受到妨礙，對支配、權力的需求受到妨礙等等）。不過，面對同樣的壓力源，每個人感受到的程度並不相同，抗壓性也會因人而異。

↘官、消化器官、神經和肌肉系統、泌尿和生殖系統、內分泌和代謝系統、皮膚科領域、外科領域、婦科領域、小兒科領域等等。

抗壓性因人而異

我們都希望成為一個抗壓性強的人，克服那些負面的壓力，在職場上大展身手。

〈決定壓力的因素〉

觀念、情緒

面對壓力的態度 × 壓力源（壓力的成因） ＝ 壓力狀態

身體狀況

抗壓性強的人

會先客觀反省自己。

懂得冷靜判斷狀況。

會傾聽、參考別人的意見。

有推心置腹的朋友。

不會變得悲觀、消極。

抗壓性弱的人

常把小事情想得很嚴重。

一看苗頭不對，就怪罪其他人。

看待事情不夠靈活。

太在意旁人的目光。

容易悲觀。

＊**身心症**　壓力造成的身體疾病，在精神醫學上的定義為「生理性疾病，發病與心理因素或社會因素有關的機能性疾患或器質性疾患，都可稱為身心症」。病症涵蓋各種領域，包括循環器官、呼吸器

壓力引起的心理疾病②

心理關鍵字 ■社會治療 ■憂鬱症 ■焦慮症

在混亂的價值觀與人際關係中掙扎

在這個時代，不只政治和經濟模式改變了，就連各種價值觀也持續受到衝擊，人與人之間的關係也注定要改變，職場人際關係也無法例外。在這樣的情況下，許多事情也成為我們壓力的來源，抗壓性較弱的人身心都會受創。

為了幫助受創的人克服心理疾病，一旦親朋好友或職場同事發現當事人有異狀，請溫柔地伸出援手，帶領病人參加「社會治療」＊（詳見⬇第二三四頁）。

接下來，我們介紹幾個壓力造成的心理疾病。

請各位看看身邊的人，有沒有下列這些症狀。

憂鬱症

這是指心靈缺乏活力，**導致憂慮或缺乏幹勁等「抑鬱」的狀況**。主要的精神症狀有情緒低落、不再關心平日的興趣和喜好、懶得行動和思考、集中力和注意力衰退、沒有自信、充滿自責和妄自菲薄的念頭、對未來的看法悲觀、自我傷害、意圖自殺等等。

生理症狀則有睡不好、沒食欲、身體倦怠、頭痛、心悸、暈眩等常見症狀，因此多數人都沒有發現自己罹患憂鬱症，而沒有積極治療處理。

＊社會治療　正式名稱是心理社會治療，在藥物治療法以外的治療方式中，是一種支援患者能夠過社會生活的治療法，連患者的家屬也必須參與。

憂鬱症是非常痛苦的疾病，甚至會影響到日常生活。然而，經過適當的治療後，幾乎都能在幾個月到幾年內改善。

焦慮症

焦慮症＊過去被稱為精神官能症，更早以前則被稱為神經衰弱。**這是指健康的人體驗到的身心感受變得太強烈的狀態**，是心理疾病中發生頻率最高的種類。比方說社交恐懼、緊張、恐慌、交通工具恐懼等等。

上面這些症狀，各位應該都能在自己或朋友身上找到一兩項吧？

這些症狀會帶來**無以名狀的強烈不安**，引發心跳加速、呼吸困難等症狀，嚴重一點的，甚至會受到死亡的恐懼威脅。

職場議題 Topics

源自壓力的各類不適症狀、自律神經失調

所謂的自律神經，是指不受意志支配自行運作的神經。主要由交感神經和副交感神經這兩個相對的神經互相協調，自行掌控人體的生理機能。當這兩大神經失衡，就是自律神經失調症了。

病因多半是身心壓力所致，壓力太大，自律神經無法好好運作，就產生頭痛、暈眩、手腳冰冷、心悸、呼吸困難、噁心、腹瀉等各式症狀。由於症狀千變萬化，又被稱為不定愁訴症。到醫院接受檢查也找不出異常，最後可能演變成逛遍各大醫院、找遍無數醫師，患者的煩惱還是無法解決。遇到類似的情況，請先考慮抗壓對策。一般的治療方式是先釐清壓力來源，並學習如何面對壓力。

＊**焦慮症**　有社交恐懼（恐懼症）、恐慌、強迫症（確認強迫、整理強迫等等）、輕鬱症、解離性障礙（歇斯底里症）、疑病症、人格解體、情感疾病（躁鬱）等等。

冷漠症候群

這是指有一天突然失去幹勁，開始逃避課業或工作的症狀。特別常見於商業界，又被稱為**上班族冷漠***。

面對壓力，選擇逃避現實，**對本業以外的活動卻相當積極，這便是冷漠症候群的特徵了**。因此當事人和周圍的親朋好友，都很難發現異狀。

從性格上來說，對勝負較敏感的人容易罹患冷漠症候群，他們會盡可能避免牽涉到勝負的局面。也有人當上主管卻沒有自信，最後選擇逃避而罹患冷漠症狀群。症狀惡化下去，有可能會拒絕上班。

拒絕回家症候群

這是指那些**不想回家的上班族**。通常成家立業的男性，若在家裡感覺不自在，回家就會變成一件很痛苦的事情；這時候他們會留在公司加班、每晚借酒澆愁，**小旅館和網咖則是安樂的天堂**。

問題多半是夫妻的相處方式有問題，或是男女之間的相處方式有問題，甚至是家庭的相處方式有問題。丈夫若沒有勇氣和妻子對談，就需要借助心理諮詢的力量了。

身心俱疲症候群

英文稱為（Burnout syndrome），原本對工作感到充實的人，突然變得生無可戀、抑鬱寡歡。當事人會失去工作意願，無法順應職場生活，**常見於努力工作的中階主管身上**。

由於生活以工作為重，又沒有休息的時間和機會，只好不斷鞭策自己努力下去，直到燃燒殆盡，甚至會因壓力過大而病倒。

＊冷漠（Apathy）　失去動力和感情的態度，冷漠症候群則是指意欲、感情、熱情陷入低潮的狀態。好不容易考上大學的學生，也會有類似的症狀，這稱為學習動機消退（student apathy）。

三明治症候群

被夾在上司和下屬之間的中階主管，常有這樣的症狀，因而得名。又叫主管症候群，英文稱為Manager syndrome。**他們跟不上下屬和上司的價值觀，於是開始妄自菲薄，引發憂鬱症的症狀。**上司要求他們拿出成果，下屬又有諸多怨言，夾在中間，兩邊受氣，也難怪身心會出問題了。

尤其中年人開始感覺自己的體力衰退，家中上有父母要照顧，下有子女面臨青春期和升學考試。各種壓力接二連三而來，就會陷入一種進退兩難的窘困局面。

像這樣的中階主管，最好營造一個可以誠心交談的職場環境，以及良好的上下關係。放假的時候遺忘工作，從事自己喜歡的興趣或多陪陪家人，讓自己好好放鬆一下吧。

職場議題 Topics

年輕女職員常有飲食障礙

所謂的飲食障礙，是反覆拒食和過食（前者是心因性厭食症，後者是心因性暴食症）的疾病。女性患者占絕大多數，最近不只見於青春期少女，連青年期和中年期婦女也有。

有可能是家庭環境或體質因素的關係，但主要的心理原因是對減肥瘦身的執著，以及對性成熟的糾結和抗拒。另外，剛出社會的職場婦女，必須面對完全沒遇過的人物和價值觀，以往的經驗不再管用，食欲也有失控的可能。

治療人心的心理治療法

心理關鍵字
■講談療法 ■表達活動法 ■行為療法 ■日式技法

關鍵在於患者要發現自己的問題

誠如前述，壓力的原因有物理性、化學性、生理性、精神性這四種。其中精神性的壓力是最惱人的種類（詳見⬇第二一八頁）。

為了盡量減輕精神性的壓力，**當事人除了要改變觀念，也需要周圍的協助**。換句話說，職場、家庭、地區之間的溝通與社會支持（詳見⬇第二三四頁）也是不可或缺的。我們就來介紹一下，像**心理師**＊這一類的專家在進行的心理治療法。

心理治療法大體分為四種，分別是**講談療法**、**表達活動法**、**行為療法**、**日式技法**。講談療法是治療者與患者一對一進行，主要有理性情緒行為療法、個人中心療法等等。表達活動法則是透過患者的表達活動，來進行治療，主要有沙盤療法、音樂療法、遊戲治療法等等。行為療法是改變患者行為的治療，主要有自我暗示訓練、系統減敏療法、催眠療法等等。日式技法是用各種理論和方法來施以治療，主要有內觀療法、森田療法等等。

心理疾病的原因和症狀因人而異，**必須靠心理諮詢解開原因，找出適合當事人的方法**。不過最重要的是，**患者要知道自己究竟哪裡出了問題**。

＊心理師　心理師、心理治療師、心理諮詢師不是指資格的稱謂，而是指「施行心理治療法的人」。在日本，臨床心理師算是一種半官方的資格（譯註：日本的發照單位是民間團體，但有相當於官方的效力）。

治癒人心的主要心理治療法

在施行治療的時候，要配合患者的症狀選用藥物，並找到合適的心理治療法。至於哪一種方法合適，則要先從心理諮詢來剖析患者的心理狀態。

講談療法 跟患者一對一進行	理性情緒行為療法	美國心理學家亞伯特．艾利斯提倡的方法。當患者執著於某些既定觀念時，讓他們知道那些觀念都是成見，藉此修正思維。
	個人中心療法	美國心理學家卡爾．羅傑斯提倡的諮詢法。貼近患者的心理，傾聽他們的聲音，幫助患者面對現實的方法。
表達活動法 透過患者的表達活動施行治療	沙盤療法	信奉榮格理論的心理學家河合隼雄引進日本的一種藝術療法。患者可以在沙盤中自由放入小人偶或小建築物，來達到調和心靈的效果。
	音樂療法	配合患者當下的心情選擇適當的音樂，接著再讓患者聆聽不一樣的曲子來進行治療。
行為療法 改變患者的行為來治療	自我暗示訓練	放鬆身心的訓練方法，由德國精神科醫師舒爾茲發明的自我催眠法。
	系統減敏療法	由南非共和國精神科醫師喬瑟夫．渥爾普所提倡。讓患者慢慢習慣那些不安的事物，藉此消除不安的方法。
	催眠療法	一種有效克服心結的手段，有分當面催眠、遠距離催眠、退化療法等等。
日式技法 以日本獨特的方法施以治療	內觀療法	淨土真宗僧侶吉本伊信開創的手法。讓當事人回想自己受到的恩惠，以及自己提供別人的恩惠，還有自己給別人添的麻煩，來加深當事人對自己和他人的瞭解。
	森田療法	由精神科學者森田正馬所開創。養成「原始自然」的態度，教導患者先從必要的事情做起，度過有建設性的生活，並讓他們付諸實踐。

職場霸凌層出不窮

心理關鍵字
■霸凌 ■騷擾 ■緊張理論 ■控制理論

「霸凌問題」居勞動諮詢排行之冠

日本近來學校的霸凌問題被媒體大幅報導，成人職場的霸凌事件也愈來愈多。**職場上的霸凌騷擾**（Harassment）*大致分為三種，一是精神性的騷擾（Moral harassment）；二是對地位較低的職員騷擾（Power harassment）；三是性方面的騷擾（Sexual harassment）。

日本全國**勞動局***接獲的「霸凌、騷擾」諮詢案件，二〇〇二年度是六千六百二十七件，二〇一二年度增加到五萬一千六百七十件。十年來增加了近八倍，超越「解僱問題」成為諮詢排行榜的第一位。根據推測，有些被害人在無法找人商量的情況下，只能默默忍受霸凌或被迫離職，實際的被害數字可能要多上數倍。

霸凌的原理

心理學的看法認為，**霸凌事件的加害者都抱有極大的壓力**。這種原理可以用**緊張理論**和**控制理論**說明。緊張理論的說法是，加害者試圖消除挫折（Frustration）、緊張（Stress）、衝突（Conflict），於是採取了霸凌的攻擊行為。

至於控制理論的說法是，當法律或社會規範的控制力減弱，或是良心等個人的自制力變弱，加

***霸凌**（Harassment）　這一個詞彙有「煩擾、添麻煩」的意思。另外還有醫護騷擾（Doctor harassment）、性別歧視（Gender harassment）、學術騷擾（Academic harassment）等說法。

害者就無法控制情緒性的能量，採取攻擊他人的行為。

多數加害者只是要消除工作以外的壓力，**但他們卻自以為在指導無能的下屬，替自己的霸凌行為正當化**，因此很難發現和解決霸凌問題。

企業有義務營造一個舒適的工作環境，大家應該努力思考如何消除職場霸凌；這麼做不僅是出於社會道德和倫理，從經濟層面來看，霸凌也會破壞員工的心理健康和幹勁，拉低公司的業績。

霸凌的原理

霸凌可以用緊張理論和控制理論說明，我們就來介紹緊張理論。

1 需求
每個人都有獲得認同和理解的自我肯定需求。

2 妨礙需求
基於某些理由，自我肯定的需求可能無法獲得滿足。

3 挫折
需求受到妨礙，就會累積緊張、不安、不滿等情緒。

4 攻擊動機
像職場這一類的團體，會容忍攻擊行為做為消除挫折感的手段。

5 安定安心需求
為了消除挫折，人會追求安定與安心。

6 攻擊行動
為了滿足安定與安心的需求，採取言語攻擊、身體攻擊、排擠之類的關係攻擊。

＊**勞動局**　日本厚生勞動省的地方分部，全國都道府縣都有設置。由於工會的組織率不高，勞動局從二〇〇一年開始提供勞資糾紛的諮詢。

處理客訴所產生的壓力

心理關鍵字 ■客訴 ■奧客

奧客愈來愈多

俗話說「**客訴***是經商之寶」，企業可以分析客訴的原因，提升產品或服務的品質，甚至得到開發新產品的啟示。再者，誠懇面對客訴會提升企業的商譽，對於改善經營也有幫助。不過，並非所有的客訴都有改善業務的功效，也有一些很沒建設性的客訴。在這個**充滿壓力的社會**，**有愈來愈多奧客動不動就無理取鬧**。

那些奧客的心態跟霸凌加害者的心態是一樣的（詳見⬇第二二六頁），他們把客訴當成消除壓力的手段，自以為是不良商品或服務的受害者，還利用自己身為顧客的優勢地位，對那些無法回嘴的員工破口大罵。

要有一套消除壓力的方法

那些奧客只顧自己發洩，卻沒想過處理客訴的人要承擔所有的壓力。**處理客訴是一門壓力很大的工作**，**明明不是他們的過錯，卻要代替公司跟客人道歉**。而且，面對那些純粹來發洩壓力的奧客，他們得持續聆聽粗魯漫罵和無理要求，**壓力肯定大到無以復加**。

因此，在某些處理客訴的客服中心裡，都有設置緩和壓力的放鬆空間，或是提供精神科的診療

＊客訴（Claim）　抱怨的日式英文（Claim：本為主張自己的權利）。英文的Complain才是真正的抱怨。客訴的消費者則稱為Claimer。

等等。遺憾的是，整個業界的客服人員離職率並沒有下降。

有意長期從事這份工作的人，最好找到自己發洩壓力的方法。首先，就當自己是幫忙舒緩壓力的心理諮詢師，替社會做一點貢獻吧。另外，從事各種興趣充實自己的私生活，也能減輕工作上的壓力。

奧客的種類

律師橫山雅文舉出以下四種奧客類型。

性格有問題的奧客

●抱著自私又武斷的觀念，持續提出各種不合理的要求。

你要怎麼賠我！

精神有問題的奧客

●執著一些莫名其妙的事情，彌補自己的心理缺憾。

你對我有什麼樣的看法

惡質的慣犯奧客

●會要求少許的金錢和利益。

商品有瑕疵，退錢啦！

反社會的惡質奧客

●以要求巨額金錢和利益為目的。

你知道我是誰嗎！

來源：《法律專家的奧客對策》橫山雅文（PHP研究所出版）

在職失業、裁員的不安

心理關鍵字 ■在職失業 ■裁員危險群 ■離職集中營

大企業的正職員工也不見得穩定

現在企業活動已經跨越國界，日本與新興國家的競爭也愈來愈激烈，很多企業也加速前往海外發展。同時，人力雇用的狀況持續惡化，**大企業的正職員工中，也有一些被稱為「在職失業」的裁員危險群**。

過去在日本，擁有知識與經驗卻無事可做的員工，被稱為「**窗邊族**」。他們因為論資排輩的制度而缺乏晉升的職缺，所以就像隱居的閒人一樣安穩待到退休。相對地，在職失業者則是企業實際的指定解僱對象，大企業沒辦法隨便解僱員工，便用這一類的手法逼多餘人力離職。例如命令他們前往「**離職集中營**」*，**故意不給予工作機會，或是命令他們到外面求職等等，來逼員工自行滾蛋**。

害怕自己成為下一個

有些人可能以為，不必工作就有錢可拿的「在職失業者」很幸運。事實上，企業為了刪減人力，會一直傷害在職失業者的自尊心，持續對他們糟蹋騷擾，直到他們願意主動離職為止。像這種冷落在職失業者的手法，**不只傷害當事人的身心，其他員工也會提心吊膽，深怕有一天輪到自己。**

***離職集中營**　企業用來趕走員工的單位，把想要解僱的員工調到那裡後，故意不給他們工作機會，或是逼他們去外面求職，好讓當事人自行滾蛋。

這不僅拖垮員工對企業的信任和忠誠，也連帶降低員工的幹勁，下場就是公司的業績逐步下滑。

在職失業者增加的原因與個人能力無關，而是經濟全球化造成**國內產業空洞化**所致。根本的解決辦法是創造新產業，或是利用**工作分攤***等方式擴大就業機會。萬一不幸成為在職失業者，請找值得信賴的對象商量，不要一個人鑽牛角尖，然後尋找可以發揮自己才能的新工作或勞動方式。其實也有不少人「因禍得福」，拋棄了不珍惜員工的爛公司後，反而開創出全新的可能性。

刪減人力的方式改變

自從一九九〇年泡沫經濟崩解後，日本的雇用系統就開始出問題了。之後日本長期處於景氣不振的狀況，裁員的浪潮遍及各大企業和中小企業。

1990年代	裁員	泡沫經濟崩解，企業進行大規模裁員，主要採用自願離職和提早退休等措施。 
2000年代	減少雇用	多數企業減少人力雇用，就業冰河期長年來未有改善。年輕的繭居族愈來愈多，形成一大社會問題。 
2008年	取消內定	雷曼風暴引發世界性經濟不景氣，大學畢業生應徵到的職缺被取消，也形成了不小的社會問題。 
2013年	在職失業	負擔不起人力雇用的大企業為了刪減多餘人力，把指定裁撤的人力調到離職集中營，逼迫他們主動離職。 

＊**工作分攤**　顧名思義，是員工分享工作的意思。用縮短勞動時間或提早退休等方式，減少每位員工的工作時間，增加公司整體雇用機會的政策，荷蘭等歐洲國家都在推動。

非正職員工受到差別待遇的壓力

心理關鍵字 ■派遣 ■非正規雇用

約四成勞工為非正職雇用

「驕傲的正職員工早已過氣，現在企業沒有派遣員工就無法運作。」這是二〇〇七年創下極高收視率的電視劇《派遣女王》的台詞，該年度約有百分之三十四的勞工為非正職雇用人員。五年後的二〇一二年，這個數字攀升到百分之三十八左右，創下了最高紀錄。目前每二點五名勞工中，就有一名為非正規雇用，占了將近四成。

國際勞工組織（ＩＬＯ）採用第一百七十五號部分工時勞動公約，提倡**同工同酬**＊的原則，但日本並未批准這項條款。所以日本企業有**正職**、

契約、派遣、兼職、打工等各種雇用型態所組成的種姓制度＊。

非正職雇用，對資方來說大有好處，但勞方必須承受各種不利因素，包括低薪、無獎金、前途不穩定、難以提升工作技能、無法借到住宅和汽車貸款等等。是故，愈來愈多非正職雇用的年輕人不敢結婚，儼然形成一大社會問題。

非正職員工的壓力反而比較大

跟正職員工比起來，非正職員工反而更容易承受壓力。他們跟正職員工一樣，必須忍受日常業務帶來的壓力，而且**某些企業不把非正職雇用人**

＊**同工同酬**　不論雇用型態為何，從事同樣工作的勞動者，應該享有同樣的薪資。國際勞工組織努力推動這項基本人權，歐洲各國已經有引進同工同酬的方案了。

員當成自己人，因此他們在這種終身雇用制的遺毒之下，飽嚐冷落與差別待遇。正職員工和其他非正職雇用人員之間，很難養成良好的合作關係。

另外，這種雇用方式很不穩定，評價稍有下降就會失去工作，遇到職場霸凌或騷擾也只能選擇忍耐，**很難反抗不公平的待遇**。其實對企業來說，非正職員工也是寶貴的戰力，這些戰力若無法充分發揮，根本不可能提升業績。所以企業應該營造良好的工作環境，照顧不同雇用型態的員工。

非正職雇用的主要類型

日本在泡沫經濟崩解後，非正職雇用的數量有增無減。現在沒有非正職雇用人力，整個社會幾乎無法運作。

兼職

工時比正職員工短的社員，若享有一定年收，或是每週勞動時間為正職員工的四分之三以上，則企業需替其加保健康保險和厚生年金（兼職勞動法規定）。

打工

一般指學生的短時間勞動，有正職工作的人利用閒暇時間從事副業，多半也稱為打工。學生以外的打工人員稱為飛特族。

派遣

勞工要先跟人力派遣公司簽約，薪資由人力派遣公司給付。之後到派遣公司幫忙仲介的職場上班，萬一該職場和人力派遣公司中止契約，員工就沒辦法繼續上班。

臨時職員

在大學、專科院校、高中擔任專門科目的講師，公家機關也有許多臨時職員，根據地方公務員法規定，臨時職員的契約最長是六個月（可更新契約一次）。

契約社員

擁有高度技術和知識的勞工，通常是簽一年制的契約。大部分也是領月薪，跟正職員工一樣是全勤工作。

囑託

工作契約與正職員工不同，通常是指用低薪，再次雇用那些已經退休的職員。不過，酬庸的職缺不在此限。

明明大家都是做同樣的工作……
10000
10000
正職員工
非正職雇用

＊**種姓制度**　印度或尼泊爾人民大多信奉印度教，種姓制度是印度教的一種身分制度。身分由高至低為祭司、王族、戰士、商人（平民）、奴隸，更下等的還有賤民（在種姓之外）。

企業應該好好照顧員工，避免員工的壓力過大，損害其身心健康。然而，目前勞工保障制度還是不甚完善，即便完善了，也沒有確實發揮機能。

社會支持的必要性

所謂的社會支持，是指人與人在社會關係中互相提供的支援，目的在於維持健康，減緩壓力源（壓力因子）帶來的影響。流行病學專家科布指出，下列三種訊息是取信於當事人的重要社會支持。
而這種「獲得旁人支持」的認知能減輕壓力的衝擊，幫助當事人適應。

在旁人眼中是受尊敬、有價值的存在。
獲得旁人的關懷與關愛。
屬於社交網絡的一員，彼此會分擔義務。

社會支持的種類（科布與豪斯的定義）

●情緒性支持

提供理解或關愛

你怎麼了？有事說來聽聽吧
他很關心我呢

●工具性支持

提供有形的事物或服務

一起分工合作吧，大家都會幫你的
其實我快不行了

●訊息性支持

提供解決問題所需的資訊

要不要去接受心理諮詢呢？
試試看好了

●評價性支持

提供肯定的評價

你很認真處理這件事呢
終於有人懂我了

職場上可提供的社會支持

主要壓力因素有哪些？

●心理負擔過大的勤務●上司、同事、下屬之間的人際關係惡化●升遷後面對的龐大責任
調職、轉任之類的工作環境變化，以及家庭環境變化

1 及早發現職員不健康的警訊

●表情陰沉，沒有元氣

●請假、遲到、早退的情況增加

●效率下降，失誤增加

●積極性、判斷力下降

●人際關係出問題

●健康狀況變差

2 發現上述警訊後

●與負責管理監督的人合作，勸導當事人盡快尋求專家協助。
●必要時與其家人合作。
●若有其家人的聯絡與商量，也提供同樣的支援。
●若需要療養或休養，也盡可能提供支援。

團體……56、182、184、186、192
團體主義……17
團體迷思……186
團體維持機能……194
團體凝聚力……182
態度的一貫性需求……174
稱讚……78、90、142、202
精神性的騷擾……226
緊張理論……226
認知心理學……124、128
認知失調理論……101
認知衝突……210
語言溝通……30、148
語言說服……144
說服力……148
說服性溝通……170
酸葡萄……41、114
銘記……140
需求層次理論……188
領導力……159、190、206、208

十五劃

價值觀共有……82、84
憂鬱症……220
數位化溝通……120
衝突……18、210、226
複眼思考……136

十六劃

獨特性需求……56
糖果與鞭子……188、196
親和需求……48、82
親密距離……99
錯誤歸因……101
霍桑效應……202、204

十七劃

壓抑……114
環境心理學……156
講話拘謹有禮……96
講談療法……224
謠言……82、84
還有更多策略……172

十八劃

歸因理論……112
簡報……162
職涯……212
職場霸凌……192、226
藉口……40、112、114、146
謹慎偏移……186
離職集中營……230

十九劃

繭居族……35
繭居族預備軍……48
鏡像行為……179
難以到手策略……172
類似比較……65
類似性法則……88、106
類型論……68、70

二十劃～二十六劃

騷擾……226
辯解……40、112
霸凌……15、18、226
權威性人格……22
邏輯思維……130
讓步的回報性……175
讓步要求法……175
讚美效應……202

英文數字

3P……162
5W1H……202、205
7－38－55 法則……102、104
EQ……126
IQ……126
PM 理論……194
PREP 法……164
SDS 法……164
XY 理論……188
Z 理論……188

十劃

個人中心療法 225
個人空間 31、99、108、160
個人距離 179
原因 147
原創性 124
挫折 50、114、226
時間管理能力 20
框架 110
特質論 68、72
缺乏溝通 120
訊息權 168
記憶力 140
迴力鏢效應 170、172

十一劃

偏見 110
偏差 110
偏誤 86、110
動機 196、198、202
匿名性 52
基模 102
專制型領袖 192
專家權 168
得寸進尺策略 174
從眾 56
從眾行為 152、154
從眾壓力 152、154
情感性負債感 80
接近因素 89、106、108
控制理論 226
推卸責任 112、114、146
推論 128、132、134、136
理性情緒行為療法 225
第一印象 62、102、104、110、162
終身雇用 94
羞怯 34、118
習得性無助感 58
規範衝突 210
逢迎拍馬 46
麥拉賓法則 102、104

十二劃

博薩德法則 106、108、158
善意的自尊理論 100
單純曝光效應 99、106、108
單眼思考 136
斯坦佐效應 158、160
替代體驗 144
森田療法 225
無助感 48、58
無懈可擊的錯覺 186
焦慮症 220
等待指示族 38
結果 147
虛擬空間 52
裁員危險群 230
視覺效果 162
開放式溝通 208
開放式辦公室 108
階段性説服 174
階段性請求法 174
集中力 140
飲食障礙 223

十三劃

催眠療法 225
傾聽能力 208
塞利格曼之狗 59
奧客 228
感謝 78、205
搭便車現象 36
會議引導術 150
溝通網路 184
溫和的自我主張 92
腦力激盪 152、159
補償 22
解決問題 124、128
誇口炫耀 116
道歉 146
道謝 78、143、205
達成需求 28
達成體驗 144、147、204
達觀世代 38

十四劃

厭惡的回報性 88
團隊合作 214

自我實現理論......27
自我實現需求......189
自我親暱......180
自我應驗預言......62
自卑情結......14、54
自卑感......22
自律神經失調......221
自尊心......16、41、64、94
自尊情感......116、144
自尊需求......26、100、106
自謙......45
自戀狂......116
自戀型人格異常......116
色彩心理學......156
行為療法......224

七劃

位置記憶法......141
低飛球策略......174、176
冷漠症候群......222
利害衝突......210
即時通訊軟體 120
批判性思考......132
批判性思維......134、135
抑鬱型自我意識......42
投射......14
沙盤療法......225
系統減敏療法......225
角色行為......96
角色期待......94、96
身心俱疲症候群......222
身心症......218
身體距離......30
防衛機制......112、114

八劃

事後變卦法......176
兩面提示......170
和解......86
性別角色......29
性善說......188
性惡說......188
性騷擾......30、226
抱負水準......74、76
拒絕回家症候群......220、222
放任型領袖......192
林格曼效應......36
沾光......66
社交不安......35
社交技巧......118、148
社交恐懼症......34、35
社交能力......138
社會支持......234
社會比較理論......64
社會再適應量表......216
社會性繭居族......48
社會治療......220
社會距離......99
社會範疇......26
社會懈怠......36
社會權力......168
肢體接觸......30
表達活動......224
表達能力......208
迎合......24、44、94、107
金字塔構造......130
附加價值戰略......172
非正規雇用......232
非語言溝通......30、148、178
保留......140

九劃

信賴累積理論......206
冒牌貨症候群......42
冒險偏移......186
客套......44
客訴......228
後設認知......132、134
思考中斷法......146、147
派遣......232
狡辯......112
計畫性巧合理論......212
負面螺旋......142、147
重組框架......110
音樂療法......225
風險溝通......175

INDEX

索引

一劃

一致效果 24
一貫性原理 174

二劃

人際知覺 62
人際距離 158
人際衝突 210
人際凝聚力 182、186
八二法則 36

三劃

三明治症候群 220、223
口頭禪 20

四劃

互補性 106
五大人格特質理論 72
內在動機 196
內觀療法 225
公開表態 198
午餐技巧 107、176
巴結 46、94
心理抗拒 172
心理治療法 224
心理疾病 218
心理健康 118、208、227、234
心理距離 30、66、108
心理需求 88、90
支配欲 22
日式技法 224
月暈效應 74、107
比馬龍效應 58、200
比馬龍管理 200
片面提示 170

五劃

他人評價 54
他人認同 26
代罪羔羊 192
代溝 34
以退為進策略 174
功績制 94
外在動機 196
失敗規避需求 28
失敗體驗 146
民主型領袖 192
生理與情緒高昂 144
目標設定 198
目標達成機能 194

六劃

任務凝聚力 182
共識性合理化 92
印象操作 46
合理化 40、114
同理心 138
向上比較 64
向下比較 64
回報性原理 148
回憶 140
在職失業 230
多元化 43、56
好處附加法 172
好意的回報性 107、149、172
年資制 94
成功規避需求 28
成見 110
成熟的依附關係 138
自利歸因偏差 16
自我呈現 16、17、18、46
自我防衛 22
自我肯定感 18、142
自我表現欲 204
自我宣傳 74、76
自我效能 144、147
自我設限 40、112、114
自我揭露 16、17、88、90、108
自我揭露的相對性 62、109
自我評價 42、49、54、66
自我評價維持模式 66
自我意識 34
自我暗示訓練 225
自我厭惡 146

圖解職場心理學（二版）

面白いほどよくわかる！職場の心理学

作者	齊藤勇（監修）
譯者	葉廷昭
插圖	平井きわ
設計	佐々木容子（KARANOKI Design Room）
原版編輯	peakone有限公司
封面設計	郭彥宏
版面構成	簡志成
行銷企劃	蕭浩仰、江紫涓
行銷統籌	駱漢琦
業務發行	邱紹溢
營運顧問	郭其彬
特約編輯	陳慧淑
責任編輯	何維民、賴靜儀
總編輯	李亞南
出版	漫遊者文化事業股份有限公司
地址	台北市103大同區重慶北路二段88號2樓之6
電話	(02) 2715-2022
傳真	(02) 2715-2021
服務信箱	service@azothbooks.com
網路書店	www.azothbooks.com
臉書	www.facebook.com/azothbooks.read
發行	大雁出版基地
地址	新北市231新店區北新路三段207-3號5樓
電話	(02) 8913-1005
傳真	(02) 8913-1056

二版一刷	2023年8月
二版三刷 (1)	2024年6月
定價	台幣450元

ISBN 978-986-489-838-1

國家圖書館出版品預行編目 (CIP) 資料

圖解職場心理學：職場求生，不能只靠防小人！職場人際關係讓你腹背受敵，讓心理學家助你一臂之力成為職場強者 / 齊藤勇監修；葉廷昭譯. -- 二版. -- 臺北市：漫遊者文化事業股份有限公司, 2023.08
240 面；14.8×21　公分
譯自：面白いほどよくわかる! 職場の心理学
ISBN 978-986-489-838-1(平裝)
1.CST: 職場成功法 2.CST: 工作心理學 3.CST: 人際關係
494.35　　112012123